智元微库
OPEN MIND

成长也是一种美好

все дороги ведут к себе

我们都是小红帽

从童话中解读女性心灵成长

[俄罗斯] 尤利娅·皮鲁莫娃 著
和颜 译

人民邮电出版社
北京

图书在版编目（ＣＩＰ）数据

我们都是小红帽：从童话中解读女性心灵成长 /
（俄罗斯）尤利娅·皮鲁莫娃（Yulia Pirumova）著 ；和
颜译. -- 北京：人民邮电出版社，2023.11（2024.2重印）
ISBN 978-7-115-61902-0

Ⅰ．①我… Ⅱ．①尤… ②和… Ⅲ．①女性心理学—
通俗读物 Ⅳ．①B844.5-49

中国国家版本馆CIP数据核字(2023)第098919号

◆ 著 ［俄罗斯］尤利娅·皮鲁莫娃（Yulia Pirumova）
　 译 和 颜
责任编辑 张渝涓
责任印制 周昇亮
◆人民邮电出版社出版发行　　北京市丰台区成寿寺路11号
邮编 100164　电子邮件 315@ptpress.com.cn
网址 https://www.ptpress.com.cn
河北京平诚乾印刷有限公司印刷
◆开本：880×1230　1/32
印张：9.75　　　　　　　　　2023 年 11 月第 1 版
字数：250 千字　　　　　　　2024 年 2 月河北第 2 次印刷
著作权合同登记号　图字：01-2021-7078 号

定　价：69.80 元
读者服务热线：（010）81055522　印装质量热线：（010）81055316
反盗版热线：（010）81055315
广告经营许可证：京东市监广登字20170147号

作者的话

很多年来，我一直在见证着各类女性的生活。

女性朋友们找到我，告诉我那些令她们感到担心、害怕、紧张和筋疲力尽的事。她们对我说，是什么让她们感到羞耻，或她们为什么感到内疚。听完这些诉说，我惊讶于她们在上述经历中竟然如此"孤立"又"孤独"。

在受困于生活时，女性会认定：只有自己的故事充满麻烦。在她们看来，似乎只有自己没有好好长大——既不强壮，也不聪明；她们还担心自己的人生道路充满坎坷，而这对那些不断走向成熟的女性来说是本不应该出现的情况；她们不应当为一般人常会遭遇的危机而感到羞耻，并责怪自己没有像"正常人"一样度过一生。

当我告诉她们，麻烦、危机、压力甚至创伤都是生活中不可或缺的一部分，并且所有这一切是完全正常的时，她们松了一口气。

当我将她们当前的状态与其所处的生命阶段联系起来时，她们就释然了：一切都很好。

当我告诉她们，她们的心灵正试图解答什么样的难题，答出后自然会迈出合乎逻辑的那一步时，她们的眼中有光亮闪过，那便是寻得了意义。在这个世界中，许多女性曾处于相似的阶段，迈出了相似的步伐，拥有相似的状态和经历；而后从疏离中走了出来，更加自信地审视自己的过去。她们这么做不再是为了"清除"不必要的东西，而是为了仔细思考并让一切归位。

这就是为什么我决定写一本女性生活指南，以揭示女性生活中很少有人谈论但切实存在的事情。我希望这些知识是实用的，并被送至那些需要人生指南和人生智慧的女性手中。我希望借由此书，她们能更顺畅地完成自己的人生之旅，明白还有千千万万人与自己面临相似的困境。

本书介绍的内容并不是绝对的真理。你不需要无条件地把它当作行动指南，也不需要因为有人告诉你如何行动和应该感受什么而与之抗争，你只须知道，原来一些事对某些人来说可能是这样的，而对你来说可能也一样。

目 录

第二部分 ｜女性身份危机：来自自身

　　从前，有一个小女孩。她有疼爱她的母亲和祖母。有一次，祖母给女孩买了一顶红帽子。但是母亲把帽子藏了起来，没让女孩戴上，也没让女孩去森林里给祖母送食物（馅饼）。所以，女孩一直待在家里，祖母没有收到馅饼，女孩也没有变成小红帽……

　　故事还有另一个版本。

　　很久以前，有个姑娘名叫娜斯佳。娜斯佳的母亲去世了，另一个女人带着自己的女儿嫁进了她家。这个女人爱娜斯佳胜过爱她自己的女儿，她用甜菜擦娜斯佳的脸颊，帮娜斯佳编辫子，什么都不让娜斯佳做，也没有让她去森林里。她们一生幸福地生活在一起，两个可爱的女儿有一个好母亲。娜斯佳没有遇到莫罗兹科①，也没有遇见一个好丈夫，更没有数不尽的金银财宝……

---

① 俄罗斯童话中的主人公，童话的情节如下。从前有一个女人，她有一个很爱的亲生女儿，还有一个她恨的继女。一天，妇人命丈夫将继女带到田里，任其自生自灭，丈夫听从了。莫罗兹科在那里找到了继女，女孩对莫罗兹科彬彬有礼，所以莫罗兹科给了女孩一箱漂亮的东西和一些精美的衣服。过了一会儿，继母派丈夫找到继女的尸体并带回来安葬，他听从了。此间，家里的狗说女孩回来了，她很漂亮，也很开心。继母看到继女带回来的东西后，再次命令丈夫带着自己的亲生女儿到田里去。与继女不同的是，亲生女儿对莫罗兹科很粗鲁，莫罗兹科把这个女孩冻死了。当丈夫出去想要把亲生女儿带回来时，家里的狗说孩子会被埋葬。父亲带回了一具尸体，继母痛哭不已。在格林的版本中，继女被涂上了金币、银币，而粗鲁的亲生女儿被涂上了水泥、泥土、面粉和沥青。——译者注

以上只是无稽之谈，不是意有所指的童话故事。事实上，如果本书里有什么童话的成分，也只是笔者想借用童话的形式讲述一些复杂的内容——那些女性都会经历的故事。怎样才能将这些内容清晰地呈现给你，是我的课题。我负责讲述这些故事，把故事演绎成"他人"的故事，使你得以"触摸"其他女性的经验，感受女性间的联结。

这是一次探索——因为故事情节将一步步地向前推进，这种形式实用且充满隐喻色彩。所有一切都将能够带来新的体验，所有人都会对自己有新的认知，并收获重要的启示。

我们每个人都有义务面对生活，而不是回避生活。若硬要加以抵抗，我们的灵魂就不得不付出高昂的代价。生命也随之萎缩、凋零、苦痛……

但有一天，女性觉醒了

然后她感到不对劲。

她仿佛躲在一座与世隔绝的城堡中睡了很久，被包裹在一种不真实的安全感中。

可能是，她天性中的纯真依然涌动着，但她早已到了该了解成年人世界秘密的时候。

可能是，她已经付出了太多，可别人并不珍惜她的付出，依然我行我素。

也可能，她早已筋疲力尽，却从未真正属于这里。

总之，她能够清晰地意识到：大部分的自己了无生趣。

有好一阵子，面对新生活的召唤，她畏缩着躲了起来——她对不开心和压力视而不见，希望一切都能以某种方式自行解决——王子会来救她的；或者，万不得已时，善良的仙女精灵会看到她的痛苦，将魔法杖一挥，所有内在的、外在的冲突就统统被化解。

但总有一天，她会放弃幻想，承认自己不能再这样下去了。

然后她会远足，寻找丢失的自己；她将参与各种活动，比如治疗、瑜伽、冥想、兴趣小组等。她会找到一位领路人，这很棒，因为她在寻找出路，她不再对自己说谎，更不会在绝望中死去……

还有一种情况，虽然形式各有不同，但也很常见——她选择连续 24 小时工作，达到极限而不自知；她投入一段感情作为逃避，装傻充愣地不承认自己早已不需要一段关系的事实。其实，这些情况下女性也知道该平息内心，但现在我们要说的并不是这个……

她将找到不同的"领路人"。这也直观地反映了她的天赋所在——或富有力量，或擅长以柔克刚，或天生欢喜，或从悲伤中开出花朵。她试图在自己停下的地方唤醒自己，那里曾经发生了对她来说很困难的事；她想找回曾经拥有的东西，却被中途打断，也可能她从未真正拥有过……

一路上，她路过了失望的岛屿、绝望的沼泽和孤独的宇宙，她只能靠"爬行"前进。

这是一趟反自恋的旅程。因为在某个拐角处，一部分的自己会挺直腰背、面带微笑地寻找到希望。面对不可避免的损失和失望，她感到痛苦和悲伤，这会迅速抹花她完美无瑕的妆容，但这已经是事件向好的一面发展的信号。终将有一天，多亏了这一点，她才成为真正的自己。她拾起那些或丢失、或猜疑的一部分自己，再次踏上这段旅程。幸而有这一段旅程，她开始以一种未曾想过的方式继续生活。

阅读这本书，你会发现，一次自我探索正在进行，我们中的每个人都正处于不同的阶段。

有的人发现自己处在一段有毒的关系中筋疲力尽，这段关系可能是她与父亲母亲的关系，也可能是与合伙人、老板甚至工作的关系，关系中的另一方是谁并不重要。

有的人会充分感受到与父母长期分离的压力，因为她的内心完全没有自我独立的力量。

有人会清楚地感到，长期压抑自己的愿望使自己心灵空虚，死气沉沉。

也有人终于承认，自己正处于什么样的生活危机中，继而向上天寻求帮助，祈祷发生一些让生活有起色的改变。

然后，也许真正的魔法开始显现……

魔力来自女性本身，而这本书将成为女性的向导和攻略。

从贬低到尊重

我们不是一夜之间成为女人的。我们不断地在自身中发现那个"她"，我们明白了成为一个女人意味着什么，如何在不同的领域实现女性价值，最终我们才在心理上形成并树立自己的性别。

　　在很长一段时间内，我们感到自己的内心有一个洞，自己失去了女人味。如果我们感受不到自己的价值，可能就会感到羞耻，也经常会拿自己与其他女性进行比较。

　　在各方面的保护下，我们学会掩盖缺乏女性气质的自卑。或许，我们可以表现得非常女人，但在内心深处还是感觉有些做作，好像自己一下子就能被旁人看透。我们戴上很多层面具来隐藏内心的空洞，这是能做到的。旁人无法明白，我们内心所谓的女性气质并不是真正的我们……

　　因此，相较于女性的一面，我们更愿意展现其他不害怕呈现的方面。但这并不能使我们免于缺乏女性气质所带来的羞耻。羞耻感潜伏在内心深处，它就是在。我们每个人都必须经历充实自我之路，意识到自己是一个女人，与他人"核对"身份。我们每个人都在女性气质上投入精力、注意力、兴趣等，这是正常的。

　　碰巧的是，我们都在尽最大努力满足其他人的要求和标准，去了解女人应该是什么。我们在世界各地寻找榜样，幻想着某处将有一道特殊的门，那里只允许"真正的"女性通过。不是所有人都能挤过去，因为我们总是缺少一些东西，如无法生育、身材走样、没有稳定恩爱的伴侣等。

　　当我们陷入与这一切的斗争时，情况并没有好转。我们很生气，我们不得不去被比较，或者完全放弃这条道路——拒绝成为女性，以免落入外界控制。我们的脑海里总有一个想象出来的人，逼迫我们成为某人，而我们总在与之战斗。

我们个性化①的任务是与我们自己和谐相处，摆脱神经质的极端化进程："我必须是一个完美的女人"——"我是一个有缺陷的女人"——"我根本不想成为一个女人"。

最后，我们为自己是女性而感到高兴，而不是羞耻。

我们从中寻找乐趣并享受过程，而不是背负着限制和依赖的负担。

希望你尊重经验并依赖它，而不是称之为完全的错误和幼稚的罪恶。

你要相信自己以及你的欲望、需求、感受、经历，而不是把天性视为一种纯粹的情绪垃圾。

你的一切感受都实属正常，不要为自己的不完美而自卑。

你要相信从自身实践中获得的知识，而不是从教条和舆论中获得的意见。

你要带着喜悦、满足和兴趣与其他女性交流并相互珍重，而不要因恐惧或焦虑远离她们。

你要用你的潜力和生命的能量去实现心中所爱，而不是向自己或他人证明什么。

你要与人和平相处，平等地对待彼此，同时保持自己的个性。

健康的女性主义

感知到我们不单是女人，更是一个人、一个有趣的灵魂，这

---

① 个性化是荣格分析心理学的基本概念之一，意为人格的形成过程。它是一种心理发展过程，个体在这一过程中实现个体倾向和特征。——作者注

是生命发展和心理成熟过程中的重要组成部分。我们会经历如下几个阶段。

- 我们生来是女孩，盼望着长大，盼望着拥有成年人的一切。
- 我们走过青春期，成为大姑娘，身体和心理都在发生变化。
- 进而，我们成长为成年女性，拥抱一切可能。
- 我们迎来老年，从一生所经历的事情中汲取个人经验并体会满足感。

在每个人生阶段，我们将通过以下方式探索女性气质。

- 与其他女性的相似之处。
- 与男性的差异。
- 作为女性特有的经历，比如初潮、生育、遭到男人的背叛、更年期等，我们将在这些经历中提升自我感知……

我们一步步修正着对"我们是谁""我们是什么样的人"等问题的理解，逐渐醒悟，开始明白成为独一无二的女人意味着什么。我们离开原生家庭，循着直觉探寻自己的路，接触不同的人和事，积累着经验和智慧。终于，我们开始在这段旅程中尊重自己。

于是，我们不再与自己的软弱、愚蠢、困惑、尴尬、恐惧作斗争。因为我们是女性，可以与众不同。

我们不再只因为自己是女性便害怕自己不得不依附于什么。

我们不再否认自己是女性，因为我们充满力量、智慧、韧性和洞察力，从实践中学到了更多的东西。

我们不再为了与周围的人一样"正常"，而强迫自己置身某种框架之中。

我们不再贬低自己已经取得的成功，也不再因失败而自责。

我们找到了一条中立的女性道路，在这条路上我们可以感谢并尊重自己的生活方式。

当一个女人不再感到羞耻、憎恨、抱怨，也不再批评自己和周围的女人时，她便会醒来……

小红帽之路

为什么这一场探寻要以小红帽的故事为蓝本？毕竟这个故事过于简单了。

对我自己来说，我真心认为这是一个极具象征性的描述女性启蒙之路的故事。小红帽生来就是一个漂亮的女孩，她从祖母那里得到了一顶红色的丝绒帽，然后一切有趣而不可避免的故事由此发生——大多数女性都会经历的事，女性命运中绕不开的事，女性成长过程中一定会发生的事。

发生在小红帽身上的故事，与我们每个人的故事都有些相似，也可以说这个故事代表了女性个性化探寻的第一阶段。

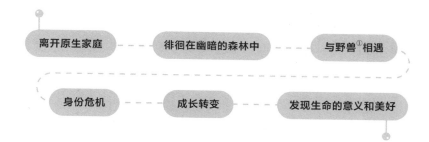

可以说，小红帽的旅程很有象征性，这条路可能每位女性都要走一遍。

我们在各自的家庭中出生，在父母的陪伴下长大，这是一份生命的馈赠。

我们以各自的方式离开原生家庭。

我们遇到那头"狼"：它可能是伴侣，是老板，是我们不喜欢的工作，是萎靡的精神，也可能是那些使我们疏远本性、欲望、爱与生存的东西。

后来，我们得救了，就像小红帽从狼的肚子里被救出来那样。

这就是故事的梗概，它讲述了女性走向成熟的必经过程。如果我们向家族里的女性看齐，就能发现女性与男性的不同之处，也就获得了女性身份②的认知基础。

此后，我们离开原生家庭，踏上自己的人生旅程，离开家庭的庇护，发现自我性别中的秘密。我们踏入一片黑森林，沿着曲

① 本书中女孩们遇到的"野兽""狼"之类的事物，是指女孩成长过程中可能遭遇的挫折与不幸，而不是具体的某个人。——编者注

② 女性心理上的自我认知和对自己作为女性的定义。——译者注

折小路徘徊前进，征服一个又一个高峰，逃离一片又一片沼泽，最终发现真实的自己。此时，我们才终于找到了这一问题的答案："我是什么样的女人？我到底想要什么？"

这是一段童话般美妙又激动人心的旅程，我们从年少的女孩成长为成熟的女人将经历一个逐渐转变的过程。我们会遇到带来转变的人和事，也将体会痛苦、恐惧或喜悦。

在这段旅程中，我们一直在解决一个又一个的问题，但最重要的是，我们一点一点地收集那个"我"，其中就包括作为女性的"我"。谁也逃不掉这样的命运，或早或晚，我们每个人都要经历个性对灵魂的叩问。在这趟旅程中，我们可能凭借直觉探索，会明白生活的目的。换句话说，我们会听到潜力的召唤，它在我们心中回响。的确，有时我们会尽力不去听、不去理会它，可这召唤声偏偏越来越响亮。我们遇到的问题、危机、疾病，甚至由旧伤引发的"炎症"，都可能变为召唤的吹鼓手。任何事情都可能发生，我称之为"现实之吻"。通过观察这一切是如何发生的，我们才能听到生活的召唤。

在这段旅程中，公开的、隐藏的信息都将被揭示，我们会看到自己赖以生存的基石，也会看到致命打击带来的馈赠。毕竟，不经历那些伤痛，我们也不会成为现在的我们。

这是一段认识自己的旅程。你将驯服内在的力量，不管它是温柔、狂怒、草率、勇敢、明媚，还是其他什么。

为此，你需要走过，也可能是重新走过属于你的小红帽的心灵之旅。

走出危机之路

处在原生家庭中是女性旅程的第一阶段。在这个阶段，我们一般会通过家中男性的观点，为自己寻找可效仿的女性榜样。我们将模仿她们，或者恰恰相反，完全拒绝与她们有关的一切："怎样都行，我就是要与她们不一样。"

某一刻，我们的道路由家门延伸而出，我们将在社会中形成女性气质。在社会中，我们走出一条又一条自己的路，渡过一个又一个难关。幸运的话，我们将逐渐弄清楚自己天生的个性。希望之光可能熄灭，期望可能显得幼稚，我们对自己还有无尽的要求，为了实现一切，我们不得不踏破铁鞋、吞下苦水、熬过生命的危机，最终找到属于自己灵魂的宝藏。

危机主要有以下三种。

• 社会化危机和是否有能力建立亲密关系的危机（20～30岁）；

• 自恋危机：无法丢掉对完美而宏大的人生的不切实际的幻想（30～40岁）；

• 中年危机：如何寻找真正的"我"和新生命的意义（40～50岁）。

在30岁以前，我们的生活都像小红帽一样，自己解决了最基本的问题：独立生活、接受教育、找到工作。也就是说，我们完成了社会化进程，掌握了与人相处的能力，其中包括与亲人相处、与爱人相处、与同事相处和与其他人相处等。

　　到了 30 岁以后，我们就需要拥有分析能力和其他综合能力。女孩渐渐变成女人，不再是一个小姑娘。我认为接下来的 10 年不仅是一个积累经验的阶段，更是一个在过去犯过的错和真实愿望的基础上积极创造的阶段。此时我们已经有了可以依赖的东西：女性的直觉。不好的是，在前一时期发生的损失会对我们造成很大影响，以至于我们几乎没有勇气再冒险创造自己想要的生活。有时，对自由的恐惧迫使女性放弃。她们或者因为过去的失败而沮丧，或者被羞愧的枷锁压得抬不起头来，她们无法确认自己的价值。此时，女性就必须加强内在力量，这是女性摆脱陷阱从而做出有利于生活的选择的出路。

　　智慧和力量会随着经验的增加而增长，但是也有什么也学不到、什么也留不下的特殊情况。

　　我们的人生不可避免地充斥着各种失误、挫折、糟糕的境遇和麻烦事，我们始终面临自己的"空虚""不完美""有缺陷"的风险。那些看似早早长大成人的女性，内心可能是一个小女孩，在不断地为失败的、不完美的生活而悲痛……

　　如果女性的成长之路上没有考验、困难和错误，那么它必将是一条死胡同。

　　每个女人的生活都是独一无二且丰富多彩的。我们需要感受自己作为女性的经历，做一个涅槃之后更加有内涵的女人；需要感受那些不得不忍受的事情及其必将带来的结果，把它们作为生活的支柱。世界不是童话，它不会永远安全，也不会永远按部就班地运转，问题不会随着岁月的流逝而减少，但我们会有更多的内在支撑力，能够更加适应世界，也必将获得纯粹的女性智慧……走过小红帽之旅，我们终将成熟起来。

触发事件

小红帽最先是在原生家庭中学习做女人的。

而后她以各种方式不断尝试，只为与周遭抗衡。她为自己而战，甚至有时她与自己的要求背道而驰。

难道这一切是为了在生命的下半场——40 岁之后，她因为迷失了方向而坐在命运森林中央的某一颗树桩上，才开始问自己：

"这就是一切？我做这一切都是为了谁？我真正想要的是什么？我到底是个什么样的人？"

此时的小红帽正与生命的绝望共舞。生活中的主要任务已经完成：事业、家庭、孩子，可能已离婚。也可能，恰恰相反，这些事情她一样都没完成。可无论怎样，时间都在流逝！

这一时期的女性"脸皮很薄"，她会因为错失的机会、失去的幻想而感到痛苦。尽管如此，她仍将生活看作一幅画，是从年轻走向成熟的过程。生命永无止境，不要仅以结果论成败。在一切皆有可能的世界里，女性被迫在年轻的身体和无尽的野心之外寻找自己的价值。如果不进行反思，那么女性不仅不会成熟，更不会拥有和谐的晚年。女性气质是在不断变化的，它从迎合或抵制外部事物向维持现有生活的平衡转变。而这一过程也是为了使女性坚信，一切努力都没有白费。

我们将相关事件视为一系列触发事件，我们将重新审视过去发生在我们身上的事情。这些过去的事铺成一条路，沿着这条路走来的我们，才成为女人。

我们每个人都必须经历一件事，更有可能是多件事。它们接连不断地发生，最终促使我们成为女人。这些事不会赋予我们无可挑剔的完美女性特质，却会使我们形成像美丽的花朵一样的个性。诚然，对于智慧、力量和坚韧等将贯穿整个生命历程的美好品质，女性必须在经历一定困难之后才会获得。

通过观察成百上千位女性，我可以自信地向你介绍当今时代女性启蒙的几种常见触发事件。当然，以下内容仅代表我个人观点。我们的"成年礼"可能有以下几种。

- 因任何原因失去孩子；

- 与已婚人士保持联系；

- 遭受虐待；

- 遭受暴力；

- 结婚；

- 生孩子：

- 伴侣的不忠；

- 亲人的背叛；

- 离婚；

- 与儿时的朋友分离；

- 父母离世；

- 重病（大难不死）。

女性启蒙是一个复杂的过程，女性需要随着生活状况的改变而不断接受身份的相应变化。它一方面伴随着告别过去及固有习惯带来的悲伤，另一方面伴随着女性对于获得新知的迷茫。恐惧和羞耻是相伴而生的，也是几乎不可避免的，但它们是正常的。在经历这些事件之后，你会切实地感受到女性的成长，每位女性都会遇到这样的事情。你站在她们中间，是其中的一员。

探寻路线

现实中，我们不能让生活倒退，也不能让一切重来。但我们可以在内心重新经历一切，让自己的故事变得生动起来，并认识自己是自己生命故事的创作者。我们把自己的生命道路具象化，用一种新的方式看待路途中的事件——不是从一个遭受命运不公的女人的角度，而是从一个生命宝藏发掘者的角度。是的，是的！我们在走过的小路上，重新学习生活教给我们的知识，我们将有机会发现馈赠，再把它们收集到小红帽的篮子里。这一过程奠定了我们认识自己是谁，即明确我们身份的基础。

当然，每个小红帽都有自己独有的路线。重要的是我们要看到，数以百万计的女性正走着非常相似的道路。小红帽可能很想知道她从哪里来，到哪里去，现在在哪里，沿途会经过哪些站点，她注定要经过什么样的丛林。她要知道自己在每一阶段的生活中会遇到什么挑战，她要解决什么问题才能获得成熟的能力。她会看到自己的地图，告诉自己："我很好。我在我应该在的地方。挫折、停顿和困难都是不可避免的。我只是芸芸众生中的一员，没有人能完美地走完自己的路。"

小红帽的具体人生路线图大致如下图所示。

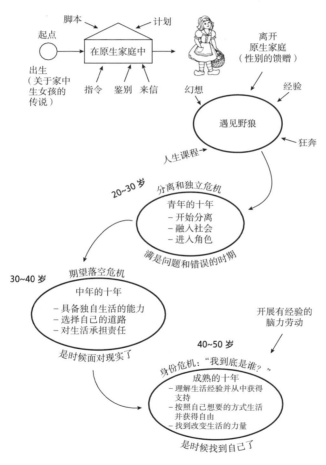

图　小红帽的具体人生路线图

女性力量

与其称之为女性力量，倒不如说是女性对绝望的回应。可能我们并不想变得强大，但无路可退。我们的身后是孩子、父母，我们正面临的可能是战争、食不果腹和从天而降的意外。这时，我们自然而然就会"振作起来"，变得坚强，去赚钱、对抗世界、保护需要保护的人。

根据我的经验，这种力量是可怕的，但不是快乐的。在治疗过程中，我们要再体验一遍曾经的水深火热，才能将这种力量视为一种资源而非负担。我们也不必担心这种力量会让我们变得多余或变得像个男人，我们仍然是女人。从现在开始，我们不必再横刀立马，也不必一生面对孤独。

这是一段完整的心理路程。在这一阶段结束后，我们会得到解脱，能够面对女性所特有的脆弱，并具备相应的品质和能力。

但我看到的女性力量不仅仅是接受现实挑战的能力。

这股力量是生命的激情，是一根嫩芽顶破柏油马路，是毛毛虫蜕变成蝴蝶，是星星之火形成燎原之势，是春天势不可挡地取代了冬天。

这种力量让我们能够成长为一个人，哪怕我们的童年在地狱般的环境中度过，遭受了家庭暴力、酗酒等不理想的事件。

这种力量让我们能够一次又一次地找到自己，哪怕我们的心里有个恐怖的空洞，哪怕我们已被空虚包围。

这种力量让我们持续向别人学习如何成为女性，以建立自己的圈子。

这种力量让我们保持对生活的无限热情，学会适时放弃阻碍生活的事物。

这种力量让我们感受痛苦、愤怒、恐惧、羞愧，感知一次又一次的失败，但最终仍选择不放弃，继续向前。

这种力量让我们重生，保有对他人的温柔、体贴和善良。

这种力量让我们保持着对自己的承诺。

这，就是女性力量。

它不是女人味的白大衣，不是完美的人生道路，也不代表我们不能犯错。

鼻涕、眼泪、鲜血将伴随女性的一生。

而想要掌握这种女性力量也是不容易的。这种力量很容易被轻视，它看不见、摸不着，有时人们只能注意到浮于表面的错误。

我们要看到这一切背后的激情，这是一种技能。

我们要看到这种技能背后的那条道路，它代表了自我价值。

当我们看到这一点的时候，应意识到：这就是我们活着的力量，我们应该做自己，追寻对自己来说重要的东西。

要做到这一点，我们（"小红帽"们）应该注意以下几点。

- 首先，要按部就班地通关：
  - 小红帽降生在原生家庭；
  - 她走上了自己的人生道路；
  - 她遇到了大灰狼。

这是大多数人身上都会发生的事，没有这些经历，我们就不会真正成年。

- 然后，在经历各个年龄段的危机后，我们学会了解决重要的问题，它们是绕不开也躲不过的，也是令我们变得更加幸福的机会。

- 最终，每一件触发事件（离婚、背叛等）都将变得合理，我们开始领悟这些事对我们一生的影响。这些事虽然对女性造成了伤害，但是对女性的成熟和成长有着重大意义。

你已经很好了

没错，旅程永无止境。女人的灵魂永远不会平静下来，她只会在解决了眼下的问题后暂时平静下来，然后继续奔向远方。正如亨利·伯格森（Henri Bergson）[①]所说："生存就意味着改变，改变就意味着成熟，而成熟就意味着孜孜不倦地创造自我。"

写这本书的目的有以下几点。

- 让你听到生命的呼唤，听到潜力的召唤。这种声音总是存在于人们内心深处，音量时小时大。有时，人们听从这种召唤，随之而行；有时人们对其充耳不闻，也不愿走自己的路。此时，你将遇到一些事，帮助你冲破忧虑和困惑的阻碍，逃离日常琐事，让你听得到那独特的歌声，受到鼓舞，然后继续向着生命目标前行。

[①] 法国哲学家、作家，1927 年诺贝尔文学奖获得者。——译者注

- 让你完成一次具有象征意义的旅行。旅程中，有守护者和助手，也有破坏者和害虫。旅程中，你会用直觉搜索，会发现资源，也会找到自己的支点。旅程中，你将不可避免地（也是象征性地）与关键人物互动，这是因为你相信父母给予你的是有所欠缺的。一定程度来说，事实也确实如此。

- 让你把限制变成资源。将生活中经历的打击视作生命的礼物。如果你不曾受伤，就不会成为现在的样子。况且，若不是将伤痛作为资源加以利用，你的潜力也无法发挥出来。

- 让你驯服内在力量。无论是何种力量，与优秀的女性同行，找到自己的女性活力。

最重要的是，读完这本书，你将不单单能够明白所发生的一切都将成为你必不可少的经验，还能找到精神支柱：你已经很好了！即使发生了一些事，你也很好；即使你做得不完美，你也很好；即使你完全失败了，你仍然是一个正常的女人。你，只是一个女人。

欢迎加入这段人生之旅！

第一部分

小红帽的旅程

————— ◆ 导入语 ◆ —————

少不更事

我们不能重写历史，

但我们可以理解它。

— 看到是什么决定了现在；

— 对自己所拥有的东西进行取舍，决定应带走什么，留
下什么；

— 明确为了理想的生活，我们必须承担什么责任。

我常说，30 岁之前是女性试验和探索的年纪，是一段勇于试
错的时光。如果不好好利用这段时间，我们就不能积累经验，也
不会知道我们是谁、能做什么。

我把这段时间称为"小红帽年华"。小红帽出生在一个充满爱
的家庭，她是全家人的掌上明珠。

然而，母亲把心爱的女儿从家里送到了狼出没的黑暗森林。
安全起见，母亲给她带上了馅饼、黄油和葡萄酒。可是，狼就在
不远处。

相遇是必然的。

小红帽走进了狼的小屋。

狼还吃掉了她。谢天谢地，猎人将小红帽从狼的肚子里救出来了。

但她已经被咬碎了！

如果小红帽被狼吃掉了，却坚持说自己没有遇见过狼，那就太奇怪了。这就好像在说："我还是那个小红帽，只不过去了趟森林，什么也没有发生。"

相反，这是一种什么样的体验啊！小红帽现在自己掌握了主导权。以前的她是谁？只是一个小姑娘而已。仅仅是承认和狼在一起的不愉快经历，她就已经获得了很不得了的成长机会，不管这一说法听起来多么模棱两可……

如果你看到大大的耳朵，亮亮的眼睛，尖尖的牙齿……相信自己的直觉，快跑！

而有些"小红帽"们很努力地要把自己生活中的负面经历清理干净，假装自己没有被咬过。她们的故事会变成一部关于女性命运的惊悚片，其情节主要在与狼相遇和剥离与狼相关的记忆中无限循环。

简而言之，重点不是避免遇到狼。遇到狼，其实是非常正常的。重点是我们在心理上不要抹除这段经历，未来也不要依赖这段经历。我们得知道，有狼。

得知道，狼并不总是带着善意而来。

得知道，我们不是跟任何人都可以相处的。

得知道，在令人愉快的举止背后，隐藏的可能是一个可以摧毁女性灵魂的捕食者。

得知道，遇到狼要付出很大的代价。

最重要的是，我们会发现自己有力量走出这件事，而此后我们会变得更加坚强、更有智慧。

这就是为什么"少不更事"这一阶段对生命如此重要。我们将孤身一人在森林中徒步旅行，沿着山路上上下下，在沙漠里停留，没有哪个女人能逃过这段旅程。

从小姑娘向女人转变的代价可谓很高。这是心之伤，灵之痕，是一千次的神经紧张，是一公升的眼泪。这种转变代表了遥远的路途跋涉，代表了放弃无数幻想。但那些诚实付出代价的人，也获得了寻找宝藏的机会：一种"我是女人，我一切都很好"的持续而稳定的气场。她们与男人的相处将变得快乐且幸福，她们和女人的相处也一样。人与人彼此是平等的，不再有自证、斗争、伤害、证明或补偿。

小红帽的故事到底讲的是什么

小红帽要走出门槛，要打破禁忌，在实践中获得自己的认知。

"红帽子"并不是少女成年的标志，这只是表明她还有很长的路要走。在此后的几十年里，她还要穿过错觉和幻想的密林，然后温和且自信地对自己说:"我是个女人,我一切都很好。"

小红帽按照母亲的吩咐上路,作为一个好女孩,她不能拒绝去祖母家做客。但是,根据故事的构架,该发生的一定会发生:为了真正走出家门,女孩必须服从母亲。她没有走那条笔直的路,而是拐到一片不知名的空地上,流连于花丛中。

这违反了母亲对女孩的告诫,间接导致狼吞下了小红帽这一苦果,但这未必是一个惩罚,我们更可以将其看作:天真的女孩在与伪善的野兽有了交集之后,要承担后果和责任。

看起来,小红帽只是按照母亲的要求走进了森林,她不是自己要去的。这种情况经常发生,她只是去了某个地方,没有意识到旅程已经开始,故事里的各路人马均已悉数登场。祖母生病躺在床上,代表着借口和理由;母亲把馅饼放进篮子里,说服她开启了这段旅程;狼代表了妖魔鬼怪,让小红帽了解现实;伐木工则把斧头磨好,和小红帽进入同一片森林,准备在最关键时刻帮忙。

女孩的天真将被摧毁,她问出了那句:"你的耳朵为什么这么大?"小红帽的每次提问,都得到了答案,可这些答案反倒加重了她的怀疑和焦虑。

女孩们要相信自己的直觉,如果看到大大的耳朵、亮亮的眼睛和尖尖的牙齿,如果感觉有危险,那么请相信自己的直觉,快跑!"你觉得"可能不是错觉。长远来看,这样做能够帮女孩们建立一个支柱:无论别人说什么,都要相信自己的感觉。

小红帽只违反了一条母亲的禁令,就得去狼的肚子里待一遭,并由此认为：永远不要和陌生人说话，无论他们看起来多么可爱、多么安全。成熟的女人在解决内在冲突时，常想："不管别人对我说什么，我都要相信自己看到、听到、感觉到的，我必须学会保护自己，因为下次猎人可能不在附近。"

小红帽开启这段旅程是为了把自己未知的部分拼凑在一起。我们所有人去旅行也一样，是为了更好地了解自己。小红帽明白应该听母亲的话，但依然违反了禁令。她想信任这个世界，但也总能敏锐地感觉到有什么不对劲。她可能会被野兽伤害，但她已具备逃脱的力量。

狼不只吞下了小红帽，更吞没了一个少女的灵魂。小红帽可能因为这样的遭遇而变得冰冷或一蹶不振。如果一个女孩没有足够的活力，那么她可能会成为一个残酷的复仇者，或者一个为自己的天真而哭泣的受害者。她不再细腻敏感，她变得冷漠涣散，无法做出选择。小红帽长出了"刺"，并认为这样就没有人能再伤害她了。

那么，这个故事到底是关于什么的？

一个家里的掌上明珠走进了野生森林，她不听母亲的话，而和捕食者说话，最终被吞到肚子里。最后，她幸运地获救了。救她的可能是勇敢的伐木工人，也可能是猎人，但这些都不重要。

- 第一幕：小姑娘与母亲待在家中。家里有爱，幸福安宁。在她收到一顶红色的帽子后，一切都结束了，母亲认为她该离开家了。

- 第二幕：礼品被装在篮子里，小红帽收到指令：不要离开大路，不要和任何人说话。她走出家门，天还亮着，路也熟悉，此时哪里有什么危险的预兆。

- 第三幕：小红帽违背了母亲的指令，屈服于诱惑。这诱惑看起来也没有什么——她只不过没有沿着大路走，同狼说了几句话。此时小红帽还不知道这将对她造成什么威胁。毕竟，她认为母亲的告诫并不重要。

- 第四幕：在祖母家。祖母已经被狼吃掉了，小红帽没了支持，她不得不靠自己识别伪装起来的邪恶，但她还不能完全相信自己。此时她正处于死亡的边缘。"第一次死亡"近在咫尺，接下来的事情将在她的一生中轮番上演。这一幕以奇迹般的救赎、复活结束。我们面前呈现的是一条经典的女主人公的旅程路线。无论小红帽生活在什么年代，无论她属于哪一代人，她都一定会走出大门，违反禁令，认清生活的真相，而后获得自己的认知。

童话故事以"死亡—重生"结束，但生活中，故事还在继续。人们获得了不同于以往的知识，并将知识运用到自己的日常生活中。小红帽的童话故事在最高潮处结束，故事没有被继续写下去，这个小女孩从这堂课上学到了什么？她的转变对以后的生活有什么影响？

如果没有这种思考，所有的经历都将失去意义。了解每个转折点是如何改变小红帽的，以及她最终成了谁，我们读者才会明确自己的个性形成之路。也只有这样，我们才能成为成熟的女性。

—— ❖ 第一章 ❖ ——
原生家庭中的小红帽

第一步　生来是女孩

现在我们将从起点思考这趟旅程。为什么？

这是一场迈向女性身份的持续运动，这场运动开始于你出生的那一天。回到那一天，你周围的所有人都期待着，所有人都因你而快乐，或者恰恰相反，而这也是正常的。每个人都有自己的故事，每个人都在以不同的方式开始。

我们约定，途中的指路之星便是小红帽。

随着故事的发展，她已经长大了；随着她长大，她会变成一个大姑娘。

让我们回忆一下童话故事是如何开始的：

"从前，村子里有一个小女孩，她长得很漂亮，世界上没有人比她更漂亮了。母亲十分爱她，而祖母更爱她。"

从这段话中可以看出什么？

很明显，小红帽绝对是个女孩。

她很漂亮，可能是世界上最漂亮的女孩。

她受到了女性长辈的喜爱。

如此完美的情节在现实生活中可能不存在，也不一定出现。我们的母亲不会完全这样，而祖母，即使爱我们，也不会觉得身为女孩有什么特殊意义，更不用说父亲了。我们可以为此感到悲伤和烦恼，但我们要记住：不要把自己的生活和理想化的剧本进行比较，否则，我们已经输在了起点，又怎么试着成为自己理想中的人。

现在，我们诚实地细数自己出生和成长的起始条件。一方面，这是梳理个人经历的过程，另一方面，这也是将我们的个人价值与家庭背景分开的过程。

本来可能一切都很好，只是没人在乎你是个女孩，或者家里根本还没有准备好迎接一个女孩的到来，又或者父母中的某个人一直只想要男孩。听起来耳熟吗？这不是你的错，也不能说明你微不足道。

这根本不取决于你。

虽然它可能继续影响你的自我感觉，但我们不妨一起来看看……

练习

我们每个人都是通过别人讲述的故事来感知自己的。我们不记得自己出生时的事，但这可是家里的一个"传说"。

• 写下关于你出生的故事：你的家人是否为你而高兴，是否强调你是一个女孩，你的亲人对此都有何看法？

• 你是否觉得自己是个女孩，在青春期之前你如何看待自己的性别？这对你意味着什么？

我从小组成员那里得到的有代表性的答案如下。

• M："我不太记得自己是家中女孩的感觉。母亲喜欢打扮我，但似乎也没有将我们打扮得特别'女孩化'。父亲在期待儿子，甚至在陪产日记中写道，以为生了一个女孩是在开玩笑。

"在生我之前，父母失去过一个儿子。

"回忆起来，他们甚至不知道该给我取什么名字。我的名字最终是姑姑取的。"

• A："得知我出生的消息后，父亲说：'又是个女孩。'此前家里已经有一个女孩了，和很多家庭一样，家人们都在等一个男孩。我的整个童年都在努力成为一个小男孩。我因为磕破膝盖和玩激烈的游戏被骂。他们在一家男士理发店将我的头发理成男孩的样子，陌生人也总是把我认成男孩。

"尽管我总被说'女孩可不会这样做'，但是我也不管，反正我又不是女孩，也就懒得理父母。"

往好了说，这些故事里的女孩会表现出冷漠和忽视，可在最坏的情况下，她们会为自己"生来是女孩"这一事实而感到羞辱，并在很长一段时间内都有这样的感觉。

请正确理解我的意思：无论哪种性别都没有特别的价值使其比另一种性别更有优势。不是作为女性就可以自恋地认为自己很特别，我们只是在探索现实。这是怎么回事？我们感觉到了什么？有没有注意到什么特别的？我们是从一开始就因为自己是女人而感到尴尬、羞愧或不满吗？

在回忆自己的童年和家中的教育方式时，人们最常说的一句话就是"你是一个女孩"。这意味着：

• 首先，我们背负着过高期望的良好行为和规矩行为，如常常听到"你是个女孩，所以要乖，要听话，不要生气"等话；

• 其次，相比女孩，男孩更自由，他们可以在外界的支持甚至鼓励下做自己想做的事。而女孩通常因此感到羞耻，甚至受到惩罚。

也许你的经历不是这样的，在成长的过程中你得到了支持。性别的特点不但给你带来阻碍也会使你面对更高的要求，这反而发展了你的个性和能力。那么恭喜你，你是幸运的，很少有人通过这样的方式回忆自己。你可以跨过这一步以及接下来的几步。许多女性的旅程是从无知和羞耻开始的，只因为她们生下来就是女性。

第二步　阅读自己女性气质的剧本

还记得童话里接下来发生了什么吗？

"生日那天，祖母给了小女孩一顶小红帽。从那时起，小女孩走到哪里都戴着她那顶漂亮的小红帽。邻居们都说：'小红帽来了！'"

小红帽经历了她的第一次初始化。也许，她的初潮来了。对于女性来说，这标志着成熟的第一阶段。也许，祖母给她的祝福是她女性化和美丽的第一个象征。童话故事中，女孩的女性属性很明显，这一点也在不断被强调。童话鼓励吸引力，也鼓励欣赏吸引力，这预示着小红帽会成为一个美丽的女人。再次重申，这似乎是一个完美的故事，但它绝少发生在普通人身上。这就是为什么它是童话故事。

在现实生活中，我们同样要理解：我们对于自己是女性的认知通常来自小时候发现自己和母亲的相似之处。孩提时代，我们就已经意识到，由于某种原因我们与母亲生活在同一片天空下，长大后我们将成为像母亲一样的女性。这是女性发展的第一步——想要变得像母亲一样，我们要知道如何做好女人。要想真的与母亲共享一片天空，我们必须明白自己有很多东西需要追求。

但在现实中，这只是一个幻想，对吗？我们的母亲中有谁活得很有价值感？她们中谁解决了自己的内在冲突，然后告诉我们成为一个女孩或者一个女人有多么美好？事实上，在上一代的女人中，有多少人不受歧视地过上了自己想要的生活？

如果母亲对自己的处境相当满意，不为女性身份而感到羞耻或限制，那么已经很好了，她向女儿传达了作为女人的满足感。母亲就是女儿学习的模范。女性个性萌芽由此具有生发的基础，继而被认同、被吸收。但最常见的情况是，我们在童年时，家庭中没有这些可以学习的模范。女性气质发展的初始条件可能如下。

• 母亲是软弱的，没有自主意志，还有点幼稚，依赖他人。女孩当然不想以她为榜样。甚至女孩或许因为看到父亲或者社会中的人羞辱母亲，而想要采取另一种立场，选择男性作为学习的榜样。

• 正在成长的女孩看到了母亲的失望、不快乐和对生活的不满。现实生活中，这种情况算是老生常谈了。例如，母亲自愿或出于必要的原因而选择为孩子和家庭"服务"。除了扮演好妻子和母亲的角色，她无法实现其他方面的自我。很多因为失去机会而悲伤的女性由此出现，她们因对生活担忧而陷入最严重的个人危机。女孩见证了这一过程，并得出自己的结论：如果母亲有和父亲（男人）一样的机会，她本可以变得更幸福。我们有意无意地想模仿父母中对自己生活更满意的一方，这很正常。

• 母亲冷淡，在情感上难以接近，她沉浸在抑郁中，或者干脆缺位了。不是所有人都在童话般的环境中成长（就像我们之前的许多代人一样，这没什么）。我的来访者之中，大多数人都谈到了艰难的调整时期，她们的母亲当时正同时做几份工作养家糊口。母亲也许想更多地参与到女儿的生活里，但她就是做不到。此时，家庭中唯一可以与女儿建立某种亲密关系的人就只有父亲了。

· 还有一条路是被大多数女性排斥的：过早地成熟。由于某些客观原因，我们不得不面对早熟。最常见的原因是创伤，例如，父亲或母亲去世了，我们承担起他们在家庭中的责任；我们的童年充斥着恐惧，我们要面对酗酒的父亲或母亲；又或者，出于某种原因，父母没有承担起成年人的责任，而把这个责任交给了我们，我们还没来得及逐渐成熟，逐渐认同某种性别，就不得不成年了。这样的成熟通常是无性的，我们害怕面对自己的女性特征，因为这些特征更多地提醒着我们关于生命的弱点，而不是尊严。

以上就是几种向"糟糕"的方向发展的剧本，即我们在第一阶段无法认同母亲，不能对女性气质做出选择。在个人任务开始时，我们没有得到第一笔"奖金"，这意味着我们要在接下来的旅程中找到它们。

练习

在起点处，我们的女性身份就像花朵一样，可能已诞生，但它像一朵没有得到养分的花。生活在父权氛围里的女人确实活得很艰难，甚至感到屈辱。这样的女人不是好榜样。一开始，我们的驱动因素太少，无法发现自己与家中女性的相似之处，这无益于我们最终接受自己身上的女性气质。有时我们需要花费更多的时间和精力在个人探索上。

现在你要准备面对一项任务：拿起你的笔和漂亮的笔记本。

对过去的自己写下支持的话。立足当下，对那个小小的自己说一些支持的话。你要很确定地告诉自己做一个女孩是很好的，很有趣的。

告诉小小的自己，成为一个女人是多么美好；告诉小小的自己，可能连母亲都不知道怎么做女人、为什么做女人，但自己可以去未来找到一切的答案。

第三步　看清周围的女人

当我们发现了自己与母亲的相似之处，我们才第一次懂得自己属于"女性群体"。

女孩不会一下子意识到自己是女孩，女人也不会一下子意识到自己是什么样的女人。女性对性别角色的认同经历了漫长的时间和多个发展阶段。

按照惯例和大方向，这条道路的走向大致是这样的：开始我们是无知的，经过对自己性别的贬低和对其他性别的羡慕后，我们"认同"了自己的性别。在这个过程中，我们主要是"填充了内在的空虚"。

寻找并感觉自己属于女性是一个漫长的过程。在这个过程中，我们把所有的注意力、价值和愉悦全都"投入"女性萌芽中，其中包括身体、情绪、心态、创造力、生育能力、成就感等。

我们首先从母亲那里学会了这样做。我的来访者中很少有这种情况，甚至有时恰恰相反：母亲是一个完全不称职的学习范例。尽管情况变得更加复杂，但在生活中的其他领域里，还有一些人是我们可以观察和学习的。我们通过她们来了解"像女人一样生活"是什么感觉。

如果由于某种原因，我们在与自己的性别建立联系的过程"卡住了"，没能拥有女性特质，那么我们不妨尝试以其他过来人的方式来理解自己是谁。大多数情况下，我们会陷入厌女症——仇恨女性、贬低女性、不信任周围女性。这是对女性价值的全盘否定。我们可能会将这种否定引向他人，轻视或批评她们的各种"典型的女性表现"。当然，这种否定也表现为认为自己不完美、软弱、愚蠢、过于情绪化、没有进步、幼稚等。

诚然，我们可能缺少初始的有利条件来赋予自己女性的价值。父亲可能会轻蔑地称身边的女人为"笨蛋"，母亲可能会认为她们的地位是受"诅咒"的。我们的女性性格尽管在家庭和社会中受到了贬损，但依然茁壮成长了起来，我们对自己负有更大的责任。

女人摸索着从对自己空虚的不满中走出来。

她凭直觉寻找一种方法来为自己的女性特质赋能。

她举着蜡烛在伸手不见五指的黑暗中踱步，一点一点地摸索应如何表现、如何实现女性的气质，并从中获得乐趣和享受。

她环顾四周，希望能找到一个或者多个可以学习的榜样。

同时她躲避着一切。

不管怎样,女性成长已悄然开始。她从嫉妒男人有而自己没有的东西,到享受女人所拥有和能拥有的东西,再到认识到女性也可以实现自己的梦想,成为独一无二的个体,不被牺牲或者被限制。

从小女孩,到少女,再到女人,在每个发展阶段中,女性都必须找到一些值得学习的榜样,以增加对女性性别的认同。与不想成为女性相反,她们必须有足够的、有吸引力的动机去"像女人一样生活"。

练习

我们在原生家庭里的逗留即将结束,很快,我们("小红帽们")将走入野外的森林。

让我们继续探索成年后的生活。

• 你记不记得,在童年和青春期时你的身边有哪些女性?是否有在某些方面为你树立过榜样的人?你是否还记得她们的言语、行为或品质?

换句话说,当时哪些女人对你有影响,让你(当时)想像她们一样?

• 如果你能写下这些影响现在是如何在你身上体现出来的,那很好。

• 现在你身边是否有因为自己是女性而感到骄傲的人?你想从她们那里学到什么?

第四步　看一眼情感上的孤儿

"家里有个女孩出生了，但没有人关心她。没有人给她穿上可爱的衣服，也没有人告诉她，她是多么美丽和可爱。生日到来，却没有人给她戴上红帽子。没人注意到她已经长大了，就像一直以来没有人注意到她身上发生了什么事一样。然后，孤独的女孩离开了家，前往野生森林。没有红帽子，也没有任何送别。她在那里徘徊了很长时间，一切只是徒劳。"

必须要说的是，并非所有人都要经历这些。有些小红帽的母亲和祖母温暖又体贴，在情感上也很容易接近。

但在我的来访者中，有的人哪怕父母双全也觉得自己是个孤儿。产生这种孤儿的感觉，是因为你想不起来谁在什么时候曾带着温柔、爱意与关怀望向你，也想不起身边的女性曾给过你怎样的支持。其中有一位来访者，她的母亲疲于应对酗酒的丈夫，她在讲述这种空虚和寒冷的感觉时，非常悲伤。而空虚和寒冷又使她很少注意自己身上发生了什么事。

情感上的孤儿往往无法自然形成成熟的女性气质。

另一位来访者在给自己的心理治疗信中这样写道：

"对不起，但你的确没有一个快乐、充满爱的童年。你的父母很不成熟。是的，他们能把你养大，让你吃饱穿暖，但对你没有情感上的投入。这是痛苦的、复杂的。而且，问题似乎都出在你的身上……"

这一点在认可和了解女性时，尤为重要。若要问父母我们是什么样的女孩，他们会立刻装聋作哑，支支吾吾地提出我们必须满足的要求，而这增加了我们对自己真实身份的羞耻感。

女人们经常对我说，她们在面对自己身体上的问题时，比如初潮等，总会感到孤独。她们也曾觉得自己不漂亮、不被需要。她们发现自己生活在空虚中，对自己、对他人都没有兴趣。进而，如果她们喜欢上了某个男孩，或者渴望被喜欢，那么她们会愈发觉得羞愧。

情感上的孤儿往往使女性气质无法自然成熟，女性好像心里没有什么可以依靠。情感上的空虚也使我们女性不知该如何看待自己。这种不被看见、不被需要的感觉会不自觉地让人产生"我出了点问题"的感觉。这会伤害健康的自恋，也会使我们对天性产生疑虑。如果我们在这样的环境中长大，那么还有可能把这种冷漠投射到周围的人身上。"他们与我无关，也没有人想要靠近我。我是什么样的人对别人来说有意义吗？"为了适应这个世界，我们只留下"有用"的那部分自己：我们习惯于通过角色（母亲、妻子、女儿等）来定义自己。我们不知道单纯地被当成成年人、女孩、女人看待，且无须背负任何要求或期望的感觉是什么样的。

在这种不被看见的环境中，没有人会觉得自己是个正常的女性。确切地说，我们根本感觉不到自己。因为找不到自己，所以成年后，不可避免的、不必要的羞耻感将始终伴随着我们。

练习

在走向自我认同的过程中，见贤思齐很重要，远离糟粕也是同样重要的。

给自己一点时间想一想，然后回答下列问题。

· 你和母亲有什么不同？在哪些方面和母亲完全不同？试着找出至少十个不同之处。

· 请你找出至少十个自己与父亲（或你童年中最重要的男性角色）的不同之处。

第五步　早熟

　　每个有自尊的小红帽，

　　应该都有一个艰难的童年，感受了许多孤独。

一个早熟的女孩几乎无所不能。

她能使父母免于离婚、疾病、抑郁、酗酒或是精神分裂。

她能教育弟弟妹妹，在情感上和功能上代替父母。

她能做家务，打扫卫生，做饭，搞定所有复杂的"后勤"工作。

她能独自应对生活中大部分糟糕的事情，包括暴力、虐待、失去亲人、疾病、长期住院等。

她是如此情绪稳定且内心强大，甚至连车里雅宾斯克（Chelyabinsk）① 的钢铁工人都自叹不如。她拥有寻找出路的能力，并百分之百能从绝望中找到出路。她很聪明，适应性也很强，她时刻准备着去拯救，去付出，去扛起事情，去忍受。

但是在某些方面，她还只是个天真的小女孩。她不知道一段关系应当建立在爱和依恋的基础之上，反而把操纵感情当作爱情，也会坐在"爱—恨"的跷跷板上下不来。她不断地寻找代表温柔或关怀的暗示，却忽略了与之同时到来的来自对方的羞辱或贬低。

若这样一个天真、坚强的女孩想回归正常关系，她需要在"黑暗的森林"里流浪多年。

她甚至需要遇到不止一匹狼，而是一群狼，才能看清问题的本质：你认为那是爱，但那不过是一种利用；你觉得是真实的东西，不过是海市蜃楼。

每遇到一匹狼，就会打破女孩的一次幻想，她的身上会被咬伤，她自己的希望、愿望和生命活力会受到冲击。小红帽曾替代了母亲和祖母的角色，在忙碌和紧张中，她还没有长大。

该怎么办？一个早熟的女孩永远没有机会在安全的环境中成熟或是慢慢地了解世界。过去，她不得不假装自己是个成年人，扮演着其他角色来处理很多事情，忍受着难以忍受的事情。她并

① 车里亚宾斯克州位于乌拉尔山脉东坡，是俄罗斯乌拉尔地区最大的重工业城市。——编者注

没有成长为一个女人，不过是个被当作成年人的孩子，内心背负着过重的责任。精神上，她从未获得过强有力的支持，没有架构起形成女性身份的空间。要培育"女性"这朵花，她需要加入多种土壤，还要长期耐心地为它施肥和浇水。

练习

　　如果你也是早熟的女孩，那么请听我说。

　　确实，你还不能像那些榜样女神一样，更算不上她们中的一员。但请相信我：你不是一个人，你们这一代的绝大多数女孩都有过类似的情况。也许这是个机会，让你与他人有了更多共同点，也能让你打破"我不正常"的自我认知。

　　也许，你既有创伤型人格，又有适应性人格。但现在你还没有成为成年女性，仍然只活出了一部分的自己——适应性人格。实际上你还是一个小小的、胆小的和总是焦虑的孩子，还不知道如何掌控周遭事物。这样的你当然还不是理想的女神，你与女神还有很长一段距离。尽管你总被告知，做一个女人是多么地美好、轻松、自在且富有感情，但你的内心深处始终有一个"不懂表达爱的老兵"。一声令下，他就会伏地投降。

　　你还有很长一段路要走，你要先做个孩子，先抚养自己内心的小女孩，这样才可以自然地进入成年状态。

谁曾对你生气，你也会对他们生气。这很好！这样做会将能量向外输送，而不是使你向内攻击自己。与其攻击自己，不如找到那些应该受到指责的人。有意识地去做这件事。如果你的内心有话要说，那么就写一封特别的愤怒信。第一，这样做本身就很有治疗作用。第二，过两周或者一个月后再读这封信，你会惊讶地发现自己的愤怒感不像之前那样强烈了。

此后，把你作为一个孩子可以提的合法要求和自然需求一一列出来，你也可以得到来自父母的帮助、同情、安慰、支持等。

你会发现，你仍然会要求自己成为超人。你认为自己应该能控制一切，预见一切，处理一切。此时你会明白，这些要求对自己是多么的不合理，它们并不客观。请承认这一点，然后把你对自己的要求说出来。

给自己一个机会，让自己看到，除了攻击和惩罚，你不知道如何用另一种方式与自己对话。只有你看到了这种运行机制，你才能观察生活：我是不是把自己当作一个善良的或残忍的父亲或母亲，要求自己像大人一样负责任？

你很有可能会发现，你是一个苛待自己的人。当你注意到自己对自己的强硬态度时，不妨问问自己：如果我像 ____ 这样对自己说话，我会说什么？我对自己有什么感觉？我该如何支持自己？

第六步　羡慕男性

关于小红帽的父亲，童话里一句话也没有讲。小红帽有没有父亲我们不知道，但现实生活中要想形成女性气质，我们需要父亲。

如果说成为女性的第一个任务是找到自己与母亲或周围女性的相似之处，那么在此之后我们就该转向男人的世界了，这一世界的人以父亲为代表，包括祖父、兄弟和其他从小就围绕着我们的人。我们应该看到自己与他们的不同之处，或者更准确地说是差异。迈上"我和母亲一样"的台阶之后，也就意味着女孩要继续前进，迈到"我和父亲不一样"的台阶上。

有时，女孩体验到的是快乐和喜悦。"哇！我就像母亲一样，父亲爱她，所以我要想得到父亲的爱，就必须努力像母亲一样。"在这种情况下，女孩的想法是：道路是开阔的，我只须等待，会拥有一切的。兴趣、激情、兴奋和希望充斥于女孩的心中。在好的故事里，一切就这样自然地发生，每个人都引领着女孩走向成熟，母亲以母亲的方式，父亲以父亲的方式。

但在现实中，故事常常是不一样的。女孩出生、成长，并在某一时刻意识到：在这个以男人的价值为导向的社会里，父亲、兄弟、男性朋友拥有的不是她拥有的。女孩强烈地感受着这种被剥夺的感觉，这甚至是一种有缺陷的感觉，她不断试图将自己弥补完整。

在这场内部冲突中，女孩或许可以得到母亲的支持。母亲小心而有见解地向女孩揭示女性的尊严和财富，并解释这种差异不会让一个女人蒙羞，相反，它赋予女性独有的地位，女性具有深刻的社会价值和与之相关的自身优势。但是，正如前文所说，这样的支持很少见。

如果我们继续套用小红帽的故事，那么现实生活中，小红帽的故事可能会按以下方式发展。

祖母给孙女送了一顶小红帽作为生日礼物，女孩没有接受，她说："祖母，你留着戴吧。看看我母亲在生活中是如何受苦的，她要承担很多责任，而享受的权利却少得可怜。我还是不戴帽子了，我想去看看村里的男人们正过着怎样的生活，也许我会从他们的身上学到一些东西。"

这样进入自己生活的女孩，不以成为女性为目标，她有一种抵抗、斗争、赔偿和证明的心情。

女孩不得不寻找其他能让她保持稳定的品质作为支撑。这些品质不能简单地被称为男性特质。莫琳·默多克（Maureen Murdock）在《女英雄之旅》一书中写道：

"这样的年轻女性长大后会把自己定位在男人周围，对女性会有一种居高临下的态度。父亲的女儿围绕着男人的原则组织自己的生活，她要么以另一个男人为中心，要么只是遵循男人的价值观。她会找一位男性导师，但同时也面临着接受他的命令或指示的情况。

"有些女孩不仅成功地模仿了父亲，还故意不去模仿她们的母亲，因为母亲被认为是依靠他人的、无助的或吹毛求疵的。如果母亲患有慢性抑郁症、某种疾病或酗酒，那么女儿就会成为父亲的盟友，并忽略母亲。这样母亲成了阁楼上的影子。父亲对女儿的影响是由外至内的。"

此时，我们仍然感到困惑：虽然我选择了合适的方式，但还是有一个问题，我是谁？模仿男人或与男人竞争都是一条死胡同，对此很多女人都不知该如何是好。随着时间的推移，我们发现自己越来越需要加入同性的队伍。

在很长一段时间里，我们陷入"女孩—父亲"或"成年女人—男孩"的内心幻想中。这是因为我们未曾深入自己的本性，无法由内形成成熟的性别。

练习

这一节的作业是回答以下几个问题。

• 如果你小时候不接受自己是位女性，那么你觉得是出于什么原因？你是如何表现出来的？也许，现在也是如此？

• 如果你选择以父亲或其他男性作为你的榜样，具体有哪些表现？

• 如果你曾想要像男人、像父亲一样，也很好！回想一下，你到底想在哪些方面像父亲或其他男人？这对你的生活有什么帮助？现在在什么情况下你还会依赖那些学到的品质？

第二章
迈向独立生活

第七步　离开原生家庭

> 进入森林，出发！
> 如果你永远不去森林，
> 就什么都不会发生，
> 而你的生活也永远不会开始。

我们的小红帽快长成大姑娘了，但还没有完全长大。

带着家里给她准备的东西，小红帽走进了黑暗森林。祖母给了她帽子，母亲给了她馅饼和黄油，父亲置身事外。

这就是他们能给的，他们也都给了。小红帽要注意了，馅饼正散发诱人的香味。

馅饼好是好，但很危险。风险正在上升。小红帽还那么年轻，没有经验，天真烂漫。但她别无选择，她该走了，否则她自己的女性生活就无法开始。

在适当的时候送给女儿漂亮的帽子，再把她送入森林，这当然很好，而且还有馅饼。不管想不想要，我们都会从家里带上一篮子馅饼——这是我们接下来将带到自己生活中的遗产，它们或经由委托，或来自遗嘱，也有可能只是幻想。有些东西我们会带一辈子，而有些东西我们会在人生旅途中失去。其实，森林就是为了这些个人经验而存在的！当然，也有些人不是为了向父母证明"我的生活会比你过得更好"而离开的家庭。

离开父母不是最糟糕的选择，它是很自然的。证明父母是失败者，我们无法忍受与他们共处一室以及激素作用，这三个原因把我们这些小红帽"扔"向了"黑暗森林"。

有一次，我去听一个讲座，讲座的主题是"父母该怎么做才能让孩子像个正常的青少年一样，在洗滑雪板的时候能冲着门外的方向"。如果用母亲熨好的床单和零花钱来换取自己假想的、相当令人不安的自由，那么孩子的心理会发生什么变化？是什么让以前的"乖孩子"开始反抗父母的权威，变成了"坏孩子"？

每个小红帽都应该和狼见面，这样可以让她们拥有个人经验和知识。

正确答案是：自然进行的发育。激素在自然地发挥作用，人不可能永远都是孩子。本质上讲，想要长大的愿望并不是你要进入自己生活的动力。这只是一种兴奋的感觉，它出现了，而且很难被忽视，逆反就这样开始了。

此时女孩应该去这片森林中寻找各种各样属于自己的经历。现实中，还有另一种原因：女孩们经常因为对原生家庭的冷漠感到绝望或者由于缺爱而走进自己的生活。其结果就是，她们几乎在一瞬间就陷入另一种依赖，并为此付出了非常昂贵的代价。现在我们只聊关于这段旅程的起点和经典故事版本中的野生森林。

我们常听到的关于女性离家出走的故事，几乎都是父权氛围下女性与原生家庭分离的典型案例。与这样的出走相伴的，还有她们的相应情绪……

- 无奈→想逃跑→早婚→再嫁→新的依赖→无奈。
- 只要离开，去哪里都行→出门→寻找某段关系等。

从哲学的角度来看：在这一阶段，我们女性总是被社会和家庭约束着。以此为起点，我们开始自己的生活。我们必须足够疯狂、勇敢、激素爆棚，并且敢于向父母表达自己的不满。

否则的话，分离便不会发生，甚至还没等开始就结束了。

练习

这个作业是关于你离开原生家庭的事。

- 把自己离开的情况写下来。你是在什么情况下离开的？离开是有计划的还是自发的？是温和的还是创伤性的？
- 你觉得快乐还是痛苦？
- 在进入成年生活之后，你是独自生活还是依赖着谁？

由此，你将系统地理解自己的成年生活是如何开始的，以及你是如何做出选择的。诚然，你的这些选择是基于最初你所有的东西，但更多的是基于你的责任或你的不负责任。

第八步　带着父母的祝福离开家，或者不被祝福

我曾经在脸书（Facebook）上写过母亲的祝福对女孩意味着什么。这篇文章相当受欢迎，获得了一千多个赞。我们都渴望那些想得而未得的东西。我的这篇文章的灵感就出自我自身的匮乏，我尝试填补这份空白，甚至美化这种缺失。

你可能在童话故事中读到过："母亲祝福瓦西莉萨，然后去世了。"这句话到底是什么意思？有一天在训练中，我讲到母亲祝福女儿是非常重要的，学员们奇怪地问："为什么？"

是啊，我们怎么会知道母亲的祝福有多重要呢？我们没有这样的经历啊，因为被母亲祝福的女儿才会想要成为一个女人。

在祝福的同时，母亲要允许女儿开始自己的成年生活，包括寻找伴侣、犯点错，也包括对生活失望。最后，每一个小红帽都要独自面对那头狼，这样她才能获得个人经验和知识。

在祝福的同时，母亲把女儿从其与父母的关系中解放出来。否则女儿一生都会背负着"我是个好女儿"的责任，它就像一袋石子儿压在女儿的肩上。父母是孤独的，他们不再被需要了，女儿也会因此感到内疚。

在祝福的同时，母亲传递了家族的力量。女儿应该知道是女性让家族得以延续，女性是基因稳定的守护者，在很大程度上是女性决定了这个家族以后会有多强大。

在祝福的同时，母亲向女儿传达了喜悦，女儿会遇到这样的男人：善良、体贴、成功、积极、可靠、强壮。

在祝福中，还有一项标志性的、重要的任务也被传递到女儿的手中，她必须在自己的女性生活中完成这项任务。

"从现在起，你和我一样，都是女人，可以自由地选择自己的道路。我承认这一点。你是值得的。我相信你。你会做出最好的决定，把事情都做对。但即使你犯了错误，你也有犯错的权利。我请求你不要试图成为一个完美的女人！简简单单地活着！"在我看来，这就是最完美的祝福。

可能我们当中的一些人很难想象这一切。如果母亲没有过好自己的生活，那么自然也就没有经验和力量去祝福女儿。

现在，作为一个成年女儿的母亲和一个从业多年的心理医生，为了把母亲从那么多"应该"和"必须"中解脱出来，我会这样建议：

"一般，母亲会明确或含蓄地对女儿说：'我不知道你会是什么样的人。你可以选择你喜欢的东西。但无论你是什么样子，我都会接受你。'

"这些话可以用语言表达，也可以用态度表达。母亲可能没有直接给出建议或指示，却为女儿提供了很多机会，其中就包括按自己的方式生活。女儿可以与众不同，自由自在，不谴责自己和自己的选择。"

考虑现实中母亲们的心理状况，母亲能这样说就已经是一种很理想的状态了。但我们已经被心理学家"宠坏"了，我们应当明白，母亲已经付出了她所能付出的一切。母亲说的话也出自她的世界所呈现给她的内容；母亲的话或许有限，或许不中听，或许也没什么用。

尽管不情愿，但我们已经能够认识到，母亲没有义务为我们未来的女性生活献上特别的、完美的祝福。有的母亲会温柔地送我们离开家，却放了些没用的东西在篮子里，或是给了些没有帮助的指令。而我们不得不一辈子都对篮子中的东西挑挑拣拣，决定哪些带着，哪些扔掉。即使我们没有收到任何祝福，没有榜样可以参照，甚至选择的道路不被接受，我们也要成为自己生命中的女人，这是我们对自己的责任。

如果让父亲来祝福女儿获得完美的女性生活，在我看来那是相当矛盾的。一方面，他要把女儿当女孩看待，对她说："记住你不是男人。"；另一方面，父亲应把女儿从无助、无力和被动等待救赎中拯救出来，这样才能使女儿更好地明白作为一个健康的成年人应当具备一些特定品质，而不是使她"走极端"地认为，"如果我强壮又冲动，那就意味着我是个男人"。

练习

我已经说过，现实中我们几乎没人能得到完美的祝福。这并不意味着我们无法以自己想要的方式生活，但我们仍会期待，父母会告诉我们什么。

我建议你将自己想要收到的祝福写下来，让这些你渴望听到的话语安抚自己的灵魂，陪伴你进入女性生活的森林，踏上一段勇敢而奇妙的旅程。

- 你需要母亲说出什么样的祝福？
- 你想从父亲那里得到什么样的祝福？

第九步　看看小红帽的篮子里装了什么

小红帽向森林出发了。母亲给了她一个篮子，里面放了馅饼和黄油，让她带着上路。也可以这么说，我们谁都不是空着手进入自己的生活的。每个人都继承了不同的"馅饼"，它们可以被分为"家族的礼物"和"负面的累赘"。这些不是我们能选择的，但我们必须将其随身携带。我们自己可能都没有意识到哪些"馅饼"正躺在"篮子"里。我们甚至不知道，其中哪些可以被依靠，哪些是"负面的累赘"，这累赘不仅仅是我们自己的，也是整个家族的。重要的是，我们要认识到这一点，才能明白我们将什么样的"礼物"带入了自己的生活，无论这礼物是否符合心意。

我崇敬的天才西格蒙德·弗洛伊德（Sigmund Freud）说过，我们的心中有两股强大的心理动力——力比多和死亡驱力。一种力量驱动我们的生活，创造我们的健康和能量；另一种带来死亡和毁灭。如果这两种力量处于平衡状态，那么我们就会生活在相对和谐且健康的状态中。如果其中某一种能量占了上风，那么两种力量在我们的心中拉扯，将带来自我毁灭和死亡。

我认为，包括家族在内的系统遵循同样的秩序。当然，我们都是幸存者。在这样的秩序中，家族的生命能量和生命活力才得以体现。但如果你仔细观察家族的不同分支，你就会发现有时力比多起到的作用更大（比如团结、爱、力量、保护和健康的能量），而有时死亡驱力占了上风（比如疾病、死亡、依赖、恐惧和可耻的秘密）。

我的一位来访者这样描述这些"馅饼"。

M："我母亲这边的情况有一点恐怖，她根本没有完整的家庭。她的家中既没有爱，也没有温暖。母亲的父亲酗酒、打人，她的母亲早逝，大哥溺水，二哥失踪，三哥进过监狱。她现在在尝试以各种方式生活，性格时好时坏。她的姐姐像个女英雄，独自将孩子们抚养成人，后来孩子们又一个个离婚了，分了财产。家中每个人都活得不容易，也都只是活着而已。母亲把她的耻辱传给了我，而我为这个家庭感到羞耻和恐惧。我害怕成为这个家的一部分。

"这个家里没有值得尊敬的男人，没有强壮的男人，也没有女人尊重男人。有的只是邪恶、仇恨、痛苦、艰难地生存以及疾病和恐惧。

"这个家里满是羞耻、厌恶、不愉快和逃避。我尊重母亲，因为她尝试过并离开了那样的家，接受了教育，也出人头地了。

"父亲们都有一个关心他、爱他、坚强、宽容的女人，女人扛下了所有。一切都压在女人的肩上：酗酒的丈夫和一堆亲戚。她要让家中的每个人都吃饱、住好、穿暖，要帮助所有人，要好言好语。一切都很单调、很贫乏，但还是会有很多温暖，比如爱、耐心和宽恕。"

另一位来访者是这样描述的。

A："我想到，我们家有很多珍贵的礼物：慷慨、同情心、勤奋、善良、真诚、智慧、热爱生活、耐心、支持。但问题是我只能拿到其中的一部分，而且其中的某一种品质在我身上的表现程度要比在我的亲人身上低得多，为什么会这样？我从母亲那里继承了一个非常重要的品质，无论生活多么艰难、多么令人沮丧，都不能失去自我。我要感受生活，寻找自己，让自己快乐。

"我们家的男性都有酗酒的毛病，母亲和父亲家的情况都是如此。有能力的人，既能喝酒，又能工作，还能照顾好家庭。而没什么能力的，则失去一切，自己喝闷酒。女人们幸免于此。"

既然是"家族的礼物"，那么我们必然能从中看到祖先的力量，看到他们积极的一面，领悟帮助过或者至今仍在帮助我们的嘱咐。这些曾为父母、祖父母等人所有，是家族的生命力量，是家族能够成体系发展的根源。我们就是其中的一员。或许，我们从未将祖先看作基础，也从未将自己视为家族史中的胜利者。

"负面的累赘"则包括许多遗传问题，比如酗酒或易感到孤独、有暴力倾向等其他上瘾类问题。对于我们来说，重要的是要清楚这些问题，这样才能明白我们不仅被命运左右，还遇到了一些"阴霾的循环"。这阴霾的力量有时强过我们自身的力量，我们必须承认家族对我们的影响，并将其视作根基。这种力量是祖先留给我们的遗产。

练习

到这一步结束时，我建议你回答以下问题。

· 你从祖先那里得到了什么"家族的礼物"？母亲家和父亲家的家族力量分别是什么？你知道自己身上的这些力量吗？你在自己的生活中掌握这些力量了吗？

· 你在自己的家族中看到了哪些"负面的累赘"？

· 为自己找到平衡。记住，弗洛伊德曾说，只要我们活着，力比多和死亡驱力就会相互制衡。如果你在生活中感受到"负面的累赘"，那么就找出家族的力量，这种活力可以补偿"负面的累赘"所产生的影响。相信我们一定可以找到一种力量与那些"烂馅饼"对抗。

第十步　走进一片森林：告别幻想

为什么小红帽一定要踏上她的成年之旅，还一定要遇到狼？为什么她要受伤，要为疼痛和失望而感到痛苦？

如果一个年轻女孩不进入"生命的森林"，那么她就有可能陷入儿童意识——在那里世界是公平的，所有人无一例外都是善良的。这一趟旅程更像是个事故，小红帽一路跌跌撞撞，才获得了不同的经验。遇到狼，她才能知道世界上有各色人等，不是每个人都值得信任。这，是小红帽作为女人认识世界的基础。我们当然希望这一学习的过程能在温室里完成，聪慧的认知会主动朝小红帽走来，但可惜不是这样。我们在走出家门的时候是个天真的傻瓜，我们踏上旅程是为了汲取知识，为了知道我们从现在起可以信任什么，也为了明白该放弃哪些对世界的幻想。

这个过程通常是在我们离开原生家庭到 30 岁以前的这段时间。当然，在此之后的整个生命历程中，我们还会学到很多。但如果我们把"进入森林"作为儿童与成年人之间的过渡阶段，那么它指的其实是 20 ~ 30 岁的年纪。

这段时间是认识社会和他人的重要阶段，我们第一次进入成年人人际关系这片领域，并获得最初的经验。一些人在这个时期建立了家庭，还有些人可能离婚了。几乎每个人都被上了一课。

当然，最重要的认识自我的阶段在这之后。认识生活、找到自己真正的道路、明白自己的价值和方向的阶段也在这之后。但如果没有迈向森林的第一步，我们的女性身份就不会形成，因为"我们是什么样的女人"的答案正是来自这段满是爱情、失望、相遇和告别的时期。也正是在这段路上，我们将不得不几十次甚至几百次地琢磨"我是这么想的，但事实上……"，或者"我是这么希望的，但结果是……"。

"当我遇到 16 岁以上，还相信世界很美好的那种女孩时，为了礼貌地与她们对话，我总是觉得自己像一只'老灰狗'，我想要用爪子捂住眼睛呻吟，告诉她们我看到了她们看不到的东西。我也知道，如果女孩固执而任性，那么她至少会有一次带着不假思索的勇气迎面遇到野兽，直到因震惊而清醒。在生命的黎明中，女孩的眼神很天真，这意味着她还不大能理解世界隐藏起来的一面，她在情感上很薄弱，但每一个女性都是由此成长的。

"我们是天真的，对于一些事，我们不明真相，这说明我们只愿意相信自己看到的世界，也正因如此，我们很容易受到伤害。"

我也是这样一只"老灰狗"，与我一起共事的，是那些探求未知世界、寻找支柱的女性们。一方面，我能够吸引她们睁开眼睛，成为她们探寻成年生活的向导；另一方面，我清楚地知道，她们只有亲身经历旅程，才能真正成长，才能在日后复杂的生活中保护自己。我喜欢听那些可爱女人脑子里的幻想和憧憬。我也变成了一个真正的芭芭雅嘎①，坚持说真话，而那些充满幻想的女人还停留在童年时代。

L："我的误解是，如果我违背自己的意愿，对所有人都好，那么世界就会对我好，我就会得到应有的回报。当然，我肯定会成为不一样的母亲，或者最好不当母亲。"

U："我希望一切都能被快速且简单地解决。但事实证明，一

---

① 芭芭雅嘎（Baba Yaga）：俄罗斯童话中的老巫婆。据称她专吃小孩，她在人们的心目中是一个邪恶而神秘的角色。但是，在这个故事里，芭芭雅嘎只是一个身居森林深处的寂寞老妇人，她渴望成为一个慈蔼的祖母，有一个孩子陪伴在身旁；为此她乔装成一名平凡的老太太，走进村子里，一心想帮助忙碌的主妇，以便和天真的孩子们朝夕相处。——译者注

切总是不同的。

"我曾以为，我比母亲更会选择丈夫，我和丈夫会幸福地一起生活很久。基本上也是这样的，我们幸福地生活了很久，只是最后没有走到一起。

"我曾相信，我会成为比母亲更好的母亲。我必须承认自己是个好母亲，但也仅此而已了。我有自己的错误和缺点，与我的母亲有相似之处，同时我也能更进一步，比如改变一些东西，调整一些东西，我已经可以接受自己了。

"我曾以为，我不会是个操纵者，也不会那么强硬或残忍。在我看来，我在这方面超过了她。"

C："我曾幻想做一个好女孩。'成为好女孩，你就会得到一切。'我悄悄地对自己说，这也是我为自己制定的策略。

"我有一种错觉，认为忍耐是有帮助的，后来我意识到，它对其他人是有帮助的，但对我没有帮助。

"我还有一种错觉，我喜欢成为一个好女孩。但是我越"好"，我就越讨厌自己。这种方式很容易令我走火入魔，因为我无意识地把周围的人像卷心菜一样切碎了，与此同时还面带微笑。"

O："我的另一个巨大的错误是改造男人。'我会把他变成一个人。'每当我成功改变他的时候，我都会对这个男人失去兴趣。而如果我认为自己没有成功改变他，那么我将无情地攻击自己，寻找自身缺陷，比如不会坚持、鼓励，自己不够好等。其实我只是看不到事实，我在想象中给自己画了一些东西。"

C："我意识到，伟大的爱情不是只有亲密关系。爱情不仅是七上八下、忐忑不安的，更是对方每天的选择、让步、妥协、争吵……实际上，争吵也是爱情。

"我曾相信正义和智慧，但在学院的入学考试中我发现，我帮朋友答完了整张卷子，但自己卷子上的题却一道都不会。过了一段时间（母亲还是坚持认为我不够努力）我不得不承认，即使我额宽七寸，聪明绝顶，也无法摆脱这一宿命。

"我不得不一次又一次地承认我的无能为力，我的不完美，我对某人来说是不好的。我学会独立生活，无论有什么问题都不询问周围人的意见，并找到了一些与周围人互动的新方法。"

小红帽走进森林，在旅途中失去了童年时期的幻想，并开始为下一重要阶段做准备。

练习

每个人都带着某种信念走进自己的生活，这些信念后来被证明是错误的。我们可以去附近的树林里散散步，当迈向成年生活时，我们就会明白，世界上没有安全的小路，一切都有可能发生。哪怕你自己是完美的，你也无法预见一切。尤其是在你还年轻、经验太少的时候。

列出你刚刚进入成年生活时存有的幻想和误解。有哪些童年时期的幻想后来被证明是不可行的？你在路上丢掉了什么幻想？这些幻想可能是你对一段关系的定位，也可能是你对男人、对世界的看法。

———◇ 第三章 ◇———
小红帽与大灰狼：致命的相遇

第十一步　与狼相遇

　　我们已经可以这样谈论少女了：她曾是小女孩，现在已然长大了。但对于要被狼吃掉的祖母来说，她会认为"她还小着呢……"在每个有自尊心的小红帽的生活中，都必有一条通往森林的路，路上有狼。尽管年轻的小红帽不觉得这些将会发生在她身上——每个人都可能遇到狼，但是自己是例外，因为自己很好……

　　只有在其他糟糕且不公平的世界中，狼才会吃人而不被发现，她才会被骗，才会遭到背叛。她认为这是其他小红帽才会遇到的事，她们才会被抛弃。换句话说，哪怕她自己被拦腰咬住，她只要呆呆地、无辜地张大嘴巴就好了。

　　后来，这样的自我评价被一掌击溃，小姑娘不得不接受心理治疗，只为了再次把自尊拼起来。结果，她可能不再相信体面和正义，对一切都避而远之，看什么都像是狼皮……

　　这样看来，《小红帽》的童话故事是一则充满了深层意义和象征意义的美丽女性童话。故事的主线不仅有女孩走进荒野森林，开启了自己的生活，还有她与狼的相遇。

狼是女性启蒙中最重要的角色。它是女性心灵及女性成长的内在捕食者或外在掠夺者。遇到狼之后的小红帽不再是以前的样子了，她可能患有创伤后应激障碍，还可能有创伤后生长障碍。

"这里必然出现一个问题：这一切可以避免吗？少女如幼兽，在父母的教导下，学会了观察捕食者。如果没有父母的时时引领，她可能很快就成为猎物。我们都感受过在夜晚被激动人心的想法或令人目眩的个性穿透灵魂之窗的那种措手不及。即使狼戴着口罩，满嘴獠牙，背着一个装满钱的袋子，他们说自己在银行工作，我们也还是会相信的。"①

所有母亲，包括小红帽的母亲，都会告诉女儿一个人在森林里散步是多么危险。除非真的遇到狼，否则很多人都有一种错觉，认为可怕的事不会发生在自己身上。

以前我认为，启蒙即为结果。当我们克服了考验，获得了救赎，进入了下一个阶段，也就获得了启蒙。但实际上进入成年生活的第一步——走出家门对女人来说，同与狼相遇一样有转折意义。我们将发现生活根本没有那么安全，也不是对所有人都好。如果没有走出家门，那么我们有可能被永远困在希望中，以为只

---

① 这段文字出自美国作家克拉利萨·品卡罗·埃斯蒂斯（Clarissa Pinkola Estés）的《与狼共奔的女人》。——作者注

要自己努努力，世界就会歌舞升平，就像鸡脚上的小屋①。森林在屋后，而伟大又美丽的世界正朝我们走来。不，不是这样的。

小红帽一定要去森林里，也一定要带着香喷喷的馅饼和葡萄酒，沿着最黑暗的小路走。而母亲除了给建议，什么也帮不到女儿。生活也是这样，我们都是小红帽，我们都带着"你不要去那里，到这里来"或者"雪花落在脑袋上会疼"的叮嘱离开了家。

每个小红帽都一定会遇到狼，只有这样，她才能完成最重要的女性启蒙任务。如果鲁莽前行，那么她很可能会被阴险的恶棍利用、吞噬。只有经历过了她才会知道，不是每个人都值得相信，不要听野兽的话。即使已经站在门口，也不一定要敲响门铃，难道躺在床上假装无害的人还少吗？

我们每个人都会遇到自己的狼。他是咄咄逼人、肆无忌惮的，准备把我们同天真的想法一起吞噬。他会以社会的禁忌、文明的枷锁、大男子主义和性别歧视攻击女性。他可能是真正的暴君，也可能是太爱孩子的婆婆等。狼就是这样，他会咬我们，把我们撕碎。更确切地说，他会吞噬甚至完全占有我们的灵魂。

走这一步可不仅仅是为了体验。这一步会让我们的心灵更加敏锐，让大脑从天真的幻想中解脱出来。在这一阶段，我们可能还是个小女孩，没有力量，也无法保护自己。但我们也可以成长为一个自信的成年女性，知道什么是不能做的，也知道自己有权

---

① 出自俄罗斯作曲家莫杰斯特·穆索尔斯基（Modest Mussorgsky）的《图画展览会》中的第九首作品。——作者注

回击。我见过许多没有启蒙的女性，她们进入森林，被白白吃掉。没有成长，也没有转变。她们继续选择狼，把所有的权利交给狼，还期待着爱情把野兽变回人。

我们迈出生命中的这一步，是为了面对那些准备吞噬我们、摧毁我们、伤害我们、欺骗我们的一切。此时我们要求助于自己的力量，可这种力量却盖着被子睡得正香，让我们不得不期盼着外界的救援。

与狼相遇的我们可能如火山爆发一般。"你们都不去吗？不能这样对我！"这就召唤出了我们的内在救赎者和自我保护者，激活了能够坚守并扛住的力量，最终使我们达到自己的目的。

与狼相遇后，我们走出森林，重回光明，走向人们。"我认得来时的路，如果有什么事，我可以为自己挺身而出。"

练习

捕食者，或者说狼，在我们的设定中是一种控诉与不幸，有启蒙女性的作用。

我们遇到这些是有原因的。它们被派来唤醒尊严，启发心智。下次我们就可以避开它们了，知道狼就是狼，遇见了最好绕开走。也有人借助这一机会，开发潜能，变成了另一个人。这一点我们将放在之后再讨论。狼激发了我们身上隐藏的潜能，唤醒了该成长的部分。有时，我们无法承受这样的成长，甚至会躲避这样的成长。

不管怎么说，狼是危险的，是对生活的挑战，但遇见狼也是我们改变自己的机会，这种改变有时是病态的、忐忑不安的，有时也会带走些什么。

同时，遇到狼丰富了我们的阅历。如果你不是这样，那么是时候回头看看了。有的女性不想吸取教训，觉得这样的经历是可耻和"多余"的。本应生出力量的地方，现在仍空空如也；本应培养出新的成年女性气质，却仍未有所改变。不要成为被偷走东西的人，而要成为受过良好教育的人！

你们每个人都遇到过自己的狼，这不一定是坏事。比如你遇到某个男性，他可能很好，但他不是那个对的人，因为你有自己的标准。

这次相遇还是具有变革意义的，试着思考以下问题。

• 在你的人生经历中，哪些事可以被称为"遇到了狼"？"狼"是什么？又是怎么改变你的？关于自己，你学到了什么，其中哪些是你之前没有怀疑过的？

• 描述看看，你在遇到触发你的"狼"之前和之后分别是什么样的。

第十二步　看清楚狼对女性心灵的影响

遇到狼，不是因为我们是傻瓜，它是女性塑造新人格的基础。

小红帽去森林里不仅是为了四处看看，随便了解一些关于人和生活的事情，还是为了明白在这次挫折之后，她将不再只是那个刚刚离开家的小女孩。

狼可以代表任何事物：

- 不适合我们的男人；
- 已婚的情人；
- 爱人的背叛；
- 不健康的关系；
- 背叛、欺骗。

无论遇到什么样的男人，在此之后，女人都清楚：我"之前"是一个样，"之后"变得不一样了，前后的我是两个不同的女人。相信我，几乎每个人都有这种经历。你经历这些，并不是因为你不好。

这种启蒙事件发生在我们许多人身上，它们更多是创伤性事件，很少有浪漫的。我们可以这样来描述它："从前有个姑娘，她带着力量、愿望和欲望走进生命之林，还带着幻想和希望。她充满活力，而狼对此很感兴趣。就这样，她遇到了狼，造成不可避免的后果。女孩僵住了，心也死了。"

很多有这样经历的女人找我治疗。在经历了类似的事情之后，她们陷入孤独，失去思想，惆怅，开始无尽地反思和自我攻击，她们觉得沮丧、丧失希望、为自己感到羞耻。哪怕她们偶尔"浮出水面透口气"，想重拾旧日梦想或完成新设立的目标，也还是会在曾经活力四射的地方感到空虚和寒冷。

这是非常明显的。虽然不会马上就感觉到，但女人就是这样"成功地"长大了，完全摆脱了幻想。

过一段时间，女人才发现，自己的灵魂深处再无生命之水滋养，变成干涸的荒地，只剩下理性化的处事规则。她的心中早已没有了所谓的"品味生命"。尽管表面看起来，她成功了，甚至自恋一点说，她很完美，但女人的内心再无波澜。她将自己封闭起来了，她不需要任何人，也不享受与他人交流的过程。

狼有时会咬断生命的大动脉，带来真正的危险。女人接下来"潜入水下游泳"，或接受"平庸的现状"，都是为了重新思考与狼的第一次相遇，让已发生的一切回归正轨。

练习

尽管与狼相遇是我们必经的历程，但这并不意味着对于过去的事我们不需要理解、怜悯和安慰。无论我们怎么告诉自己这些经历是有益的，实际上我们仍可能因为狼的残忍、背叛、欺骗或暴力而受伤害。被这样对待是没有道理的，哪怕我们赋予其再伟大的意义，自己的痛苦也不会减轻。

我们要与那个侵犯我们的内心、指责我们、惩罚我们的暴君彻底分离。他粗鲁地对待我们，而我们自己没有预见，也没有逃离邪恶的狼口。很多女人内心在滴血，伤口难以愈合。她们无法回到"普通女人"的圈子里，她们在自己的内疚和羞耻中急得直跺脚，觉得自己无法再与那些摆脱了这种经历的人比肩而立。

试着用另一种眼光看待自己，想象站到对面的自己，对自己不得不经历的噩梦充满怜悯和同情。让那个健康又渊博的自己给现在的自己写一封信，或者假装自己是某个年长一些的女人，给自己写一封信。可能你变成了热情好客、善解人意的祖母，也可能变成了你内心的智慧女士，无论是谁，那个人一定在你心中。

给自己留点时间，倾听自己的心声，听听它想告诉你什么。那些发生了的事，不是你的错。生命能量引领你去了该去的地方，并尽己所能，摆脱了困境。让你内心的女士告诉你，所有的女人都会遇到这样的事。让她悄悄告诉你，不管怎么样，她都爱你。即使你摔倒了，或不知道怎么做才是正确的，你也可以原谅自己。让她允许你完全接纳这段经历，并开始为你感到自豪，因为现在你是我们中的一员，你是一名成年女性。

第十三步　在心中找到立足点，作为旅行的礼物

女性身份是很难获得的。这不是指我们到了一定的年纪，去矿上付出汗水，就能赚来"女人"的称号。

我们必须通过亲身经历的事情，对个人成长有裨益的事来完

成一种特殊的、精神上的耕耘。我们通过学习如何去爱、为何失去关系、为何悲伤、如何变得温柔或脆弱来了解我们内心的女人。我们还必须了解不同的自己：有父母或无父母的，有丈夫或独身的，有孩子或无牵绊的……即使有一天我们失去了一切，也不应停下"成为自己"的脚步。

小红帽应该长大了，她离开了家并遇到了狼。承认所有这些经验对她来说是有价值的，她一定会长大。也就是说，如果小红帽不能通过这件事看到更好的自己，领悟顽强的生命力，那么遇见狼就失去了意义。而如果小红帽遇到了，也明白了这件事的全部本质，接受了它的必然性，并为发生的一切而原谅自己，那么她就有机会与周围的成年女性站在一起，认为自己与她们一样，是绝对正常的。

小红帽出门前，母亲会对她说：

"当你还是个小女孩的时候，哪怕你已经长成了成年模样，你也会看着其他女人想：'瞧，一切都是那么好。她们的生活应该也很好，她们都做得很好，只有我无法应付我的生活。她们都穿着白色的大衣，也没有弄脏衣服……'"

这大概是因为母亲不会告诉女孩关于女性生活的全部真相，母亲只在晚上给孩子读童话故事，而童话里有完美的公主和美好的结局；或者母亲讲述着某种超然的坚韧，而孩子想要摆脱这种坚韧。这就是孩子感到分裂的原因：所有的人都活得像个人，只有她没有成功。

我想，如果我要告诉女儿真相，或许我会这么说：

"如果你看到一个 40 岁左右或者更年长的女人，你要知道年龄是事实，她经历过的痛苦、背叛、失望、灾难等也是确实发生过的。这很正常！40 岁的人没有'铠甲'可不行。如果没有'铠甲'，那才是真的可怕。我们不清楚她在哪里沉睡了那么久，即使在干净纯粹的环境里，她也会有无数冒险的经历。

"不要相信她那装模作样的快乐，她有着一个焦灼的灵魂。

"不要相信她表面上的麻木和冷淡，她可能渴望着信任他人。

"不要相信她那凄凉的冷漠，她生活的另一面可能充满激情。

"不要相信那呆滞的眼睛和垂落的肩膀，不要相信那紧闭的嘴唇。

"不要相信女人展示出来的东西，那只是她独自走出梦魇的结果。从那以后，她开始有选择地向世界展示自己。

"如果一个女人曾历经艰难，那是正常的，毕竟谁都有辛酸往事！所以，如果你觉得很难，我的女儿，你要明白：这不是因为你不好，也不是因为你做得不好，看看四周你就明白，你所经历的没什么不好。你周围所有的女人心脏上都有疤痕，眼周都布满皱纹，还有花白的头发。所有人都是一样的，都曾跌跌撞撞，晕头转向，一败涂地，灰头土脸，躲在浴室里哭得撕心裂肺。

"但她们活过来了，

"熬过来了，

"走得更远了。

"她们变得更强大、更强壮了，

"或者相反，变得更柔弱、更软弱了。

"她们变聪明了，或者相反，她们决定放弃思考，

"没有哪种方法一定是正确的。

"她们都犯过错，办砸了事，感到忧愁又惋惜，或者相反，她们因为悲伤而奔跑。她们建立了家庭，或者相反，她们试着逃离每段关系。确切地说，每个人都在尽自己所能地生活，无人能逃脱，但是每个人都在为了自己而努力。

"如果你看到一个成年的女人，女儿，你要知道，她一定有伟大且与众不同的故事。请尊重她，哪怕她的生活方式在你看来是愚蠢而无用的。但你不知道，如果你是她你会怎么做。

"看看女人，她们身上有生存的力量、生活的激情，即使受过伤，即使被一次又一次地背叛过。不要因为她们的过往而与之保持距离，也不要试图跟她们一样。你是不同的。你不必变得跟她们一样，才算得上其中一员。你不必重复我的命运，也不必故意叛逆。

"你的故事一定有所不同。但要成为成年女性，我们所面临的挑战是一样的。

我们是不同的女人！"

练习

在这段旅程中，你应当习得以下内容。

• 直觉的礼物。遇到狼，你学到了什么？与之前相比，你在哪方面更信任自己？在接受了生活的教育之后，你对哪方面有了更深刻的理解？

- 关于个人力量。与之前相比，你现在更依赖自己
的什么？当你处在与狼的关系中时，你不知不觉发现了
什么？

途中的第一个休息站　小红帽面临三个挑战，在那之后她再也不是小孩子了

我们来到了旅途的休息站，这里不仅是休息的地方，也是总结的地方，是时候检查一下计划是否正确了。让我们回忆一下，自己曾去过哪里，有什么收获。

小红帽和母亲住在自己的小房子里。然后突然有一天，母亲让女儿穿过一片荒野森林，去见生病的祖母，还给她带了一些馅饼和黄油。就这样，小红帽必定会有一些奇遇。

奇遇真的发生了。

荒野森林可不是家门前的安全草坪。

她要去的真实世界也不是天堂。这个世界没有地图，难以被理解，不可预测。这个世界不会给任何人特殊待遇，更不会提供任何保证。不管小红帽怎么努力，有些道理根本没有用。世界的不可预测性和不确定性将随着时间的推移而增加。

因此，对于一个年轻女孩来说，女性启蒙的第一个挑战便是自己要用额头不停地碰撞现实的原则。她需要经历"我觉得是，但事实是……"的失望，以及由不安全感和幻想破灭带来的痛苦，

才会放弃全知全能的理想化原则。

况且，世界并不会因此变得了无生趣，现实常常是令人惊讶的。

当小红帽在引人入胜的小路上漫步时，她和我们所有人一样，面临着第一次女性冒险。她遇到的不是像知识分子那样温顺的普通山羊，而是一头真正的狼。现实就是这样。出于孩童的天真，她没有意识到，这个周身灰色、青面獠牙的狼永远不会吃草，也不会像他所表现的那样高贵优雅。小红帽为此付出了代价，这不是她女性命运中的惩罚，她只是看到了人性的真相。

对长大一些的小红帽来说，第二个挑战是面对这样一个事实：周围的人不都是安全的、慷慨的、高尚的。为了个人安全，她应当依赖自己的经验和直觉，而不是盲目相信脑中的幻想。如果分析之后得出来的结果是好的，那么很棒；但如果连脚趾都告诉她"快跑"，那她最好不要忽视这个声音。虽然狼戴着祖母的睡帽和眼镜，但他也露着獠牙。到了一定的年纪，就不要再做愚蠢而天真的女人。

在荒野外等待贵族，

在冷漠里等待温暖，

在贬值后等待认可，

在背叛中等待爱情。

这不是周围人的问题，而是现实的考验——小红帽应培养有益于己而非有害于己的能力。

最后，第三个挑战。

此时的小红帽已不再那么纯真，不再是人们认为的那个完美无缺的人。沟通分析理论的创始人、《人间游戏》的作者艾瑞克·伯恩（Eric Berne）已经分析过小红帽，她开启了受害者模式，并最终获胜。可怜的狼见了一个无辜的女孩，她在绝望的情况下设法叫来救援人员。好吧，我们现在要说的不是这个。

小红帽面临的第三个挑战来自她与自己相遇的经历。她在森林里走来走去，遇到了一位危险的陌生人，并被他"吃掉"，最终再从他的肚子里爬了出来，她不得不换一种方式审视自己。

她认识了真实的自己，知道了自己的局限性，知道自己不总是自己以为的那么好，知道自己不总是那么完美，这是令人悲伤又糟糕的事实……

她一生良善，在为适应这个世界而调整自己，在用各种方式与周围人打交道，但这并不能保证什么！

她可能非常完美，但不一定就不会被抛弃；

她可能善良可爱，但不一定就不会被背叛；

她可能很聪明，却会在最普通的现实中迷失方向；

她可能为了适应世界，变得越来越优秀，越来越成功。

她可以通过向所有人展示自己的美丽——戴着帽子的美丽——来放松自己。

但是……

这并不能创造安全、舒适、可控、轻松、慷慨、幸福的内在或外在世界，哪怕她再善良，哪怕她再可爱，也不能保证自己不会遇到狼，不会被狼吃掉。

这并不是她放弃旅行的理由，对吗？

第二部分

女性身份危机：来自自身

◇ 导入语 ◇

　　小红帽已经走出了原生家庭的家门。她走在未知的小路上，遇到了生命中的第一只狼。她不再是那个刚刚走进森林的小女孩了，但要成长为一个女人也不会那么容易。为了成长为一个全新的、成熟的女性，她还需要生活的历练，需要丢掉天真，需要时间来构建成熟的心理空间，直到它能足够容纳小红帽的经历，并使其变得重要且有价值。

　　这，就是小红帽冒着长皱纹、掉头发、健康受损的风险也要得到的"东西"。她需要跨越生命的门槛，从一个阶段过渡到另一个阶段，完成心理上的转变。与小红帽一样，我们得到的不仅仅是"生来就是女孩"的那顶红帽。在与生活的战斗中，我们得到了一件真正的红色连帽长袍，它成为女性力量的象征。

　　我们在爱情和离别中获得了它——在与爱人温存的时刻，在被信任的人背叛后；

　　我们会在关系中成长——在与朋友热络的联系中，在与他们分别后；

　　在生孩子的时候，在没有孩子的时候；

　　在拥有对父母的依恋和爱的时候，在失去他们的时候；

在快乐时，在悲伤时；

在健康时，在生病时……

所有这些，塑造了我们的女性身份。我们把这些身份放在篮子里，点缀在比萨上，我们逐渐感觉自己是一个女人，是自己生活的缔造者。

童话里，小红帽的故事结束了，但我们不能停在这个地方。诚然，她最终被猎人救了出来。但在现实生活中，拯救我们的是我们自己。

我们把自己从有毒的关系中拯救出来，从失败的婚姻中拯救出来，从残忍和虐待中拯救出来。我们摆脱了对自己的侵略性攻击，摆脱了沉闷而难缠的"战斗—抑郁"循环模式，摆脱了优柔寡断和无能为力。我们学会完成不喜欢的事情，创造适合我们的生活。在每个时期，我们都会增长新的生活技能，直面各种绕不开的生活挑战。

在给自己确立女性身份之前，小红帽将经历几次心理转变。我们将跟随她，观察20～50岁的女性，是如何形成并确立身份的。

• 年轻阶段。在勇气的吸引下，我们开始探索个人、职业和社会的关系。第一次危机发生在20～30岁，此时我们活得很恣意，有机会认识人际关系的价值，并具备了获得人际关系的能力。

• 成年阶段。当你尝试过、犯过错，并且已经实现了生活计划中的第一步时，你就该面对最初对自己、对世界的失望了，你将认真地思考"我是谁"和"我是什么样的"这样的问题。第二次危机发生在 30 ～ 40 岁，此时我们自立、不依赖，仍在寻找个性和机会。我们成熟地将自己与他人比较，并根据能力和才能发现自己的价值。

• 成熟阶段。我们的女性气质到了绽放的时刻，能够为有质量的生活提供基础。第三次危机发生在 40 ～ 50 岁，此时，我们应该找到女人最重要的东西，我们明白了吹弹可破的肌肤、有光泽感的发丝和轻浮的举动换不来真正有价值的东西。如果到了老年，我们还没有挖到这一宝藏，那将是可悲的。

◇ 第四章 ◇
第一次危机
20 ~ 30 岁：疯狂而鲁莽的年华

确定十年路线

在年轻的十年里，小红帽是疯狂而勇敢的，因为恐惧还没有让她天真的心灵变得沉重，但是她也会惘然。她走出了家门，面对整个人生：我独自一人，面前是一片陌生的森林，我要去开拓它，没有回头路了。无论她想不想，都必须拼命奔跑。

在这段时间里，每个人在做的是什么？的确，选择有很多。但说来也怪，有那么几条小路，几乎这个年龄段的所有人都会走上一遭，沿途学会"吃一堑长一智"，并为以后的生活奠定基础。

第一条路，是我们在第一部分探讨过的离开原生家庭，更准确地说，是我们实现与父母心理上的完全分离（脱离父母）。在这条路上，有的人甚至在走过几千公里后，依然在思想上向父母寻求许可、允许、批准或评判。

即使已组建了自己的家庭，我们也经常跟亲人唠叨，有什么是父母没有给到我们的，什么是父母没有教给我们的，他们忘记把什么放在篮子里了。

即使我们也已经为人父母，只要父母有需要，我们还是会立刻回到他们身边，不然我们会为自己是坏女儿而感到内疚和羞愧。

这种情况可能出现在我们 20 岁、30 岁、40 岁甚至 50 岁的时候。如果我们不跨过这一门槛，那么我们的女性身份将永远"跛着一条腿"。在 20 ~ 30 岁，为了摆脱父母、获得独立，我们一直在做着大量的心理工作。在这一时期，我们对这条路给予了很多关注。

第二条路是融入社会，此时我们应积极探索各种角色和关系。我们进入了成年人的世界，开始尝试一些新角色：妻子、母亲、同事等。男人与女人、个人与团队，这些关系我们都要体验。与童年和青年时期相比，此时我们处理关系的水平有了很大不同。这是我们一生中第一次主动营造关系。我们自己选择伴侣，无论是爱情，还是同事，这些关系都由我们选择，调整适应，直至结束。我们对自己和周围的人有了认知，也知道了成年人之间一般是如何相互交流的。要知道，很多人对此常常是一无所知的。令人惊讶的是，童年的我们曾对这一切充满过幻想，比如交流是诚实的、正直的、正义的等。到了青年时期，幻想被打破，现实的荆棘刺痛了我们。虽然我们仍有家庭、亲情、爱情，但也可能遭遇离婚、背叛和冷漠。

第三条路是个性化。在这条路上，我们将一步一步地获得个性、独特性。我们与父母分离，完成个性化。当然，我们在与周围社会、与自己的伴侣的关系中也会完成个性化进程。

这三重关系是需要在这一阶段掌握的。快要 30 岁的天真的年轻女孩解决了这些问题，就会掌握年轻女人的心理。我们正在收集技能，这些技能将使我们更有能力过上成年女性的生活。在这十年中，小红帽应该明确地认识到："我是一个人。森林不再是从前那样，也不再是熟悉的了。我的篮子里已经有了很多馅饼，那些都是个人经验。总之，我以自己的双脚站立于大地，也懂得了如何与人打交道。"

现在，除了上面那些已经确定的主要任务，我们还要考虑以下内容。

• 形成下一生命阶段的价值观（并非永远的），这意味着你在不久的将来所做的一切都将由你在此期间选择的优先事项决定；

• 确定未来几年的发展方向和将采取的行动；

• 掌握基本的应对策略。也就是说，你将学会以某种方式应对困难、压力和挑战；

• 修炼成年人生活必需的品质：意志、坚韧、选择性、自我控制能力等，以及不仅能在具体情境下制订计划，也能虑及更大的目标等能力；

• 从一个个小事情中认识生活，它们可能证实也可能推翻我们的基本信念。例如，世界是否公正；人性本善还是人性本恶；你在人群中的角色是好还是坏等。

练习

把自己的生活想象成一条线，以十年为一个单位，划分自己从出生到现在的生活。

然后仔细观察自己20～30岁这一阶段，如果你现在还不到30岁，那就只看到当前的年龄。

在人生大框架下，这是一段怎样的时间呢？

人们认为这是最有活力的年华。因为此时的我们很健康，激素旺盛，骄傲自信，野心勃勃。我们还没有什么经验，但这对我们有利，因为此时的我们不会因为担心"不会成功"而停下前进的步伐。

我们仍然充满青春的激情。一方面，这是基于对宏伟目标的幼稚幻想，自己的个性还没有被表现出来；另一方面，我们在热情的影响下取得了很多成就，并向周围的每个人，特别是父母证明我们是有价值的。

这是一个抵抗和积极探索生活并存的时代。

我们进入社会并了解如何按照社会规则玩耍。我们知道，是时候以不同的角色登场了，这是所有人都将经历的。我们第一次成为员工、同事、恋人、配偶、父母，这些经验将为我们未来的生活奠定基础。

现在把这段经历单独画出来，这就是你20～30岁的样子。

然后我们闭上眼睛，回到那个时期。

回想一下你最精彩的事件，幻想那时的你可以接触任何东西。重要的是，从某种意义上说，你认为自己所经历的一些事是命中注定的。

- 与影响你的人见面；
- 决定你未来生活的关系（不管是好的还是坏的）；
- 你所做的选择；
- 影响生命历程的情况；
- 你自愿或不自愿参与的情况等。

没有正确或错误的选择，一切都是主观的。任何一件小事都可能是决定性的，会改变你的生活进程。

第十四步　给自己成长的时间

我们在这一时期的主要任务是建立迈向下一阶段的心理桥梁——从一个年轻的女孩到一个 30 岁的成年女人。成年是青春的终点。

首先，这使我们摆脱了对自己的过分要求，真正的成熟还在后面，现在的你可以把经验装在篮子里，像年轻人一样奔跑。其次，它开辟了美好的前景！要知道，以前的我们觉得年轻之后迎来的就是年老，我们似乎还来不及感受年少的经历和遇到狼的那一段岁月，就得把经验传给孙女了。其实，在 30 岁我们将先迎来成年，然后是成熟，所有的魅力和机会将依次来到。况且，成熟的年龄界限还在延后，算得上年老的时光都没有多少了。这是因为现在我们有活力的时间增加了，我们有更多的机会过上健康又丰富的生活。

只要小红帽还认为自己的生活在被失败不停地折磨，她就没有成长的机会，尤其是在这一时期。要知道，这一阶段就是为了体验失败而存在的，现在还不到收获和总结的时候。这一阶段存在的全部价值就是让我们有机会在生活中乱跑（否则我们永远不会这样），努力尝试并犯错。换句话说，此时的我们仍然缺乏智慧。小红帽刚刚到达通往成年人世界的第一个渡口，此时她觉得自己跟所有人一样成熟，可其实她只掌握一些书本里学来的经验和母亲讲过的故事。她必须自己去森林里犯错，才能等到老了之后坐在壁炉旁，笑着、大声地告诉孙女，她当时是多么傻里傻气。听罢故事，孙女会相信，自己也会走进自己的生活，选择一条同样不完美的小路。

如果把生命按照时期来分类，那么我们年轻的时候可以被称为"征服生命的地基"。这很好吧？不是"征服世界，征服所有高峰，否则你就是一个永远的失败者"，而是"征服地基"，你能明白吗？地基就是那些最基础的东西。

我接待过很多女性来访者，她们不断地自我贬低。她们觉得自己的十年过得很平庸，没有什么突出的、值得一提的成果，也没有什么值得称赞的。正如我的一位来访者所写的那样："我并没有成功，我忙于应付各种关系，工作中的琐事不断。而忙于应付各种关系并没有为我带来任何实质性成果，于我而言毫无意义。结果就是，这段最好的岁月于我毫无意义、毫无价值，我没有积累下任何社会资本。"

但这个女人后来又从这段岁月中收集起自己的多重女性身份。这也是我们在成年后应具备的一项技能：哪怕生活经验是散碎的、不完美的，也不要把它们扔进垃圾桶。我们只需要把碎片拼起来，就能看到自己的好与坏。随着年龄增长，我们必须学会从整体审视自己，否则，我们的个性将被磨灭，我们无法随着生活的前进而变得丰盈。我们开始排斥自己和自己的过往，具体表现如下。

- 我们不愿看到那个失败的、受伤的、不幸福的、孤独的自己；
- 我们总想忘记曾处在危机和损失中的自己；
- 我们挖空了过往生命中的几个月、几年，有时甚至是几十年。例如，我们不愿意想起过去失败的婚姻或者整个童年等。

然后有一天，我们会发现自己的生活不存在了。

哪怕经历不再完整，只剩碎片，它们所组成的也是今日成熟的我们。重要的是，我们要回到曾离开的地方，回到被自己丢弃的那些时刻。我们中的一些人将不得不面对过去，面对自己悲伤的经历，比如童年中的一些事件。对我们来说，看到自己迷茫和脆弱的部分就是最重要的。人们需要回到心中的爱之流停止的地方，拿回爱和温柔的部分。

我们要在成年后把这些部分带回来，并停止排斥一切。这意味着我们将能够看着它们，并感受自己拥有这种完整。他们会拥抱我们，抚摸我们的手或头，陪伴我们接受新事物的诞生，但我们自己也可以做一些事情。

练习

在上一个任务中，你已经完成（或应该完成）了一些伟大的工作：研究了一段被称作"青春"的生活，了解了 20 ~ 30 岁的事件、情况，将经历的重要会议、关系和人。现在，我们将继续探索这一时期，看看它为你的个性带来了什么有意义的变化。

从当时的事件中挑出对你影响最大的事。

想一想：它们中的哪一个丰富了你，让你变得更聪明、更强壮、更灵活、更完整？又是什么使你到现在还不接受自己的某一部分？

看看那些情况以及它们对你的影响有多大。现在你可以发现，自己身上最好的变化并不总是由好的外部因素引发的，表面上令人愉快的事情并不总是带来好的改变，让你变得更好。有时危机可以赋予我们能量和智慧。初恋也发生在这个时候，这将从根本上改变我们对男人的态度，而且不一定使我们朝着更好的方向发展。令人惊讶的是，现在的你是以上具体情况综合作用下的产物。

第十五步 发现自己试图逃避成为成年人

当我和 40 多岁的女人一起工作时，她们经常说："我一生中从来没有像现在这样拖延过。我常常琢磨了一百次，测算了一百次，权衡了一百次，却什么都不做。我本来不是这样的。相反，我在 20 ～ 30 岁的时候，甚至会尝试任何人都不相信的事。那时，大家都用手指着自己的太阳穴①，认为我疯了，他们料定我什么也做不了，但我比自己预想的做得还要好。那时的我那么有野心，现在回头看，我只觉得那时候的我真是疯了，居然在做那样的事情。"

女人是什么时候因何失去了信心，就连面对最普通的事情也开始怀疑自己？这一点我们在讲到生命中的下一阶段时再详谈。我之所以现在就讲这些话，是为了再次提醒大家：年轻的我们是疯狂和勇敢的，纵然没有什么经验，盲目自信，没有达成真正的成就，也没有遇过多么严重的情况，但这些似乎都不碍事！哪怕我们被禁止、被怀疑、被攻击，也一定要行动起来。那时的我们不会阻碍自己，只会接受一切并行动。当然，有些故事里的小红帽会从最开始就犹豫踟蹰，但绝大多数人的青春都是一段天不怕地不怕的岁月，是纵然犯过最愚蠢的错误、栽过最惨的跟头，也无法被打败的岁月。那也正是我们应该积累经验、为未来的生活

---

① 在当地，该手势用于评价某人在精神方面有一些不正常，或意味着他是"疯子"。——译者注

奠定基础的时候，那时的我们绝不会有丝毫踌躇或怀疑。

因此，我们甚至意识不到那一时期的战斗都是为了什么，只是想去做，并试图实现一切可能，甚至连什么是可能的、什么是不可能的都还不太清楚，这对我们是有利的。有时，我们天真地认为自己所做的一切都是正确且有意义的，而之后每前进一步，我们都会越来越怀疑自己。20～30岁的我们，似乎很焦虑，但我们有足够的毅力为自己谋利并为自己骄傲。在人生的起点上，每个人基本都是一样的，就算每个人的潜力不同，这种差异性也会唤醒激情，而非使人绝望。

其实，我们时常需要追赶某人，但那并不是什么大不了的事。重要的是，当别人都在追求社会成就或与父母分离的时候，你已经解决了更紧迫的心理问题：让自己在一段关系中成长，获得从父母那里没有得到的东西。我们应该承认，当别人都在忙于应对家庭和孩子的时候，你在积极地积累社会资本，无暇顾及"处理关系"。但要知道这也是寻常，绝非例外。只有个别"小红帽"能兼顾生活中的方方面面。虽然一些社交软件试图把这种"完美"作为寻常规范强加给我们，但事实并非如此。我们都是普通的女人，一天只有24小时，我们只能处理好生活中的某一个或者最多两个领域的事。建功立业，养育子女，接受教育，融入社会等都是这一时期将面临的常规任务。我们能够完成任务，但精力毕竟是有限的。了解这一点很重要，如此我们才不会被要求裹挟，才会以更健康的方式进入下一阶段。

但是，女人有时会完全无意识地选择逃避。所有的小红帽都在看不见的法官的哨声中跑进了生活，起初她们遥遥领先，可一段时间过后我们发现在急刹车后，一些小红帽停住了。如果是停在即将 30 岁的时候，那么情况尤其令人焦虑。具体逃避的情况有以下几种。

• 生活在原生家庭时，她们就陷入一种关系之中。关系是相互依存的，甚至是有毒的。例如，她们试图寻找一个成年人来代替父母，并希望其能掌控她们的生活，结果造成了依赖的代价。

• 不停地工作、发展自我、实现目标，却也担心未来可能错失职业生涯中的所有机会。她们从来不会进入一段关系，因为总是没有时间，其他事项优先级总是更高。但从另一方面来说，这也代表了一种不同角度的依赖。她们不断向父母证明自己是有价值的，或自己肯定不会像父母那样"混日子"。

• 她们总是还没准备好独立。虽然受过一些教育，但是她们还是依赖父母。

• 她们早早就生了孩子，把自己的一切都跟孩子捆绑在一起。个人利益被局限在了家庭和两个身份角色上：母亲和配偶。这些社会关系的确很重要，但永远不应当被视为避难所。"让整个世界等待"① 的口号是天方夜谭，世界不会等待，除非她们觉醒，不再逃避生活，不再依赖他人。

　　以上就是女性无论做什么——努力工作、与人相处、接受教

---

① 俄罗斯一首歌的歌词。——译者注

育等——都必须明白的道理：应该将水倒在最终不依赖父母、家庭而独立的磨盘上，应该将水倒在能主宰自己生活的那个小女孩的磨盘上。

第十六步　用自己的行动赢回与父母的关系

在这一阶段开始的时候，我确定了三条最重要的小路，无论怎样，我们在这十年间都一定会走过这三条路。再重复一遍，这三条小路分别是脱离父母、融入社会和个性化。现在我要告诉你一个小秘密：这十年间，我们的主要任务有三个，但基本上，我们在这期间所做的所有事都与一件事有关——脱离父母，而融入社会和个性化也都是为了这一点。常见情况有以下几种。

· 我们全速逃离父母，跑到森林里，发誓无论如何都不会过父母那样的生活。

· 我们不停地与身边人对抗，因为在他们身上看到了不断向我们提要求的父母的影子。

· 我们犹豫不决地站在门口，期待着母亲叫我们回家，这样自己哪儿也不用去。

· 我们调整自己、适应他人，为的是让他们最终接受我们、欣赏我们、赞美我们和爱我们。

· 我们待在家里，待在父母身边，永远无法独立。

可以说，在第一段独立的行程中，我们不可避免地把父母放在心上，继续和他们一起解决尚未解决的问题。也恰恰在此时，我们与父母的关系出现了最初的冲突。随着我们的独立，这些冲突也会被带入我们自己的生活中。

- 我们选择的伴侣就像一个完美的父亲或一个温暖体贴的、平易近人的母亲。
- 我们会找一个和我们父母完全不一样的人。
- 我们以父母的行为模式为基础，或者完全相反，"只要不像他们那样就好"。
- 我们为自由而战，对抗所有阻碍我们的人。
- 我们选择自己的上司或年长的朋友，还幻想着让他们收养我们。
- 我们很快就结婚了，把一种依赖演变为另一种依赖。
- 我们做的很多事都是为了父母，有时我们甚至会打破自己的生活。
- 我们根本不接近其他人，因为我们自己的家庭系统中噩梦不断，我们认为一个人最好独自站在一旁。
- 我们陷入了与不同的"狼"的不光彩的关系中，这些狼配不上我们。我们这样做，不过是为了让父母清醒过来，因为他们不曾给予我们善良和爱。

这真是太好了，我们还没有足够的智慧来进行无限的反思。在未来的几十年内，这种反思还将继续，我们还有很多疯狂的想法和勇气。虽然我们和父母发生了内讧，但还是要继续走进自己的生命之林。是的，我们经常为了某些人或者为了气某些人而故意这样做，这种心理是社会资本和个人资本积累时期的主要燃料，我们成熟女性的特质也将在这个时候奠定基础。我们最初的严肃、认真的关系——第一次婚姻、第一个孩子、第一份工作，都是基于第一次的认真选择和决定。

练习

如果你仔细观察自己在这一时期建立的或试图建立的主要关系，观察以某种方式被选中的人，观察这些关系是如何发展变化的，那么你会看到这里面或多或少有父母的影子。我们最主要的创伤和需求都来自仍然与父母保持着联系。到了这一阶段，创伤会复原，需求会消失。在以后的生活中，父母仍会在场，但将会是一种明亮的存在。

第十七步　感受到分离的痛苦

走进自己的青春，沿着陌生的小路奔向荒野的森林，小红帽此时可以肯定：父母已经离自己很远，母亲已经管不了她了。年轻的姑娘天真地以为自己早已脱离父母，完全独立了。事实也是非常美妙的——到了 30 岁，我们会稍微接近真正的心理分离。实践证明，我们往往把这项任务带到下一个时期甚至更晚的时候。不仅是在 30 多岁，到 40 多岁（甚至 50 多岁）时，都还有女性发觉，自己与父母关系密切，而这影响了她们的一生。这些人中，有的人无法决定自己的生活，而有的人不会自我控制，没有真正塑造自己命运的责任感。多年来，这种现象大大减慢了女性成长的速度，以至于造成了巨大的痛苦，女性不得不再次回到年轻时，完成获得独立、脱离父母的任务。

在心理学中，关系的分离是指与建立了信任和依恋关系的人分离。这句话揭示了为什么有些人更容易与父母分开，而有些人则更难。

以前，我认为结束一段有益的关系是可悲和痛苦的。我几乎不可能离开一些人，我想要更多。如果不得不结束这段关系，那么我会非常悲伤。后来我意识到，如果我在一段关系中实现了很多，达成了很多成就，获得了很多有价值的东西，结束关系其实很轻松；反之亦然，如果我没有得到重要的东西，或留下了强烈的负面感受，结束一段关系则变得痛苦得多。

当我们讨论与父母的分离时，这种情况几乎是一条公理定论。满足了主要需求的孩子，可以自然地离开父母。通过观察一些细节，我们也可以验证这一原则：喝饱奶的婴儿会心满意足地离开母亲的胸口；蹒跚学步[①]的孩子紧挨着母亲，可当他确信自己是安全的之后，就会去探索新世界，不再害怕一个人待着；一个相信

---

① 指 1 ~ 3 岁的孩子。——作者注

被父母爱着的少年，在行为上将变得越来越不需要取悦父母。由此可以看出，这类孩子的独立性和自主性在增强。

同样的规则也适用于其他分离。如果我们在与父母的关系中充满了亲密和温暖，那么就可以平静地遨游，并可以忍受与父母越来越远的距离。况且，有这种经验的人不需要特意去任何地方就可以离开原生家庭。他们能够自行离开，很快地离开。他们内心有个声音在说："结束吧。我已经拿了很多东西，做了很多事，这对我来说很重要，很有价值。但现在我想走了，也可以走了。"是的，我们可能因为离开了温暖的巢穴而悲伤，但前方有新的前景，而兴奋和激动把我们带向更远的地方——自己的生活。在那里，无论我们做了什么不好的事，父母都不会看到。

我们离开父母这么难是有原因的。常见的情况是，我们无法与父母分离。分离将摧毁我们与父母建立温暖、亲密、可信赖、充满安全感的关系的希望。而这些希望，是我们从未拥有过的东西。没有什么好隐瞒的，很多人和父母从未建立良好的关系，有的仅仅是功能性的联系——养育和教育，有时这种联系只是父母为了自我肯定或满足自己的需要，或为了显示权力等建立的。一些人不得不面对暴力、残忍、情感上的忽视、排斥以及父母的幼稚，任何一种情况都使分离变得越来越不可能。人们要去不被允许的地方并不容易，恰恰相反，变得更难。这一过程比人们想象得更难，但这并不意味着人们应该放弃切断与父母的联系，只是意味着获取自由的代价变得更高了，人们需要更多精神上的努力来结束这种令人头疼的关系。

没有在心理上与父母分离有哪些表现？

· 我们总是回到家里，或是想回到家里，告诉母亲她是多么不成熟，或者证明父亲爱女儿的方式不对。好吧，他们对我们来说是坏父母的事实是不言而喻的。

· 我们在和父母交流时会耗费很多能量，且需要很久才能恢复。他们的言行每次都把我们伤得如此深、如此痛，以至于我们想逃到平行宇宙。可就算逃到平行宇宙，我们也不算彻底离开，我们还是会在脑海里与父母无休止地进行对话。

· 我们无法去足够远的地方，无法环顾四周，看不到世界上到处都是可以满足不同需求的机会。直到现在，我们还是只想从父母那里得到一切。我们明明可以自立，可以奔赴自己的远大前程，却更愿意回头问父母，为什么我们没有被教导、被给予、被投入。

· 我们觉得自己应该做些什么，应该为某些事情负责，但有些事情对父母来说不是这样的，他们拼命地想要做些什么来补充、纠正、补偿和弥补。我们所有的能量都是上升的，为了证明自己可以成为好女儿，也值得被爱。我们把精力、金钱、时间和其他资源都花在父母身上。我们不知道，不这样做也是可以的，只因为我们的脑子里有一个声音："我必须这样做。"有时，这种声音变成了："我也要为人父母，却做不到。"

· 我们不是根据自己的信仰、见解和原则，而是根据父母对我们的看法来评价自己。比如"母亲会怎么说"或者"父亲现在会有什么反应"，我们不断在脑海中与父母确认该如何行事。

- 我们选择合作伙伴的根据是他是否是可以依赖的类型。也就是说，我们确实依赖他们，无论从物质上、情感上还是道德上。我们认为他们注定是为了解决我们的难题，满足我们的需求而存在的。

- 我们虽然建立了关系，甚至已建立了自己的家庭，但我们不能接受伴侣与父母的不同。在内心深处，我们有意识地将丈夫和父亲进行比较，无意识地在丈夫身上寻找母亲的影子，这样的比较和寻找无时无刻不在进行。

- 我们不能一个人待着，总是很快地从一种关系"跳到"另一种关系。我们无法与生活独处，无法独自面对生活中的问题和困难，不断给人一种需求感和珍视感。如若不然，我们就会痛苦，患上抑郁症或处于焦虑地寻找关系的状态中。

- 我们可能恐惧所有的关系，因为我们与父母的关系就曾那么可怕；我们也可能已经进入了一段关系，却为了得不到或自觉受限的自由与伴侣抗争。

- 我们走进一段功能失调的关系，并花几年的时间来修复。在这种情况下，我们无力从这段关系中走出来，无法走得远远的再去观察这个人。对我们来说，抓住不合适的人再把他变成合适的人是一件很重要的事。

- 我们不会做自己想做的事，而是选择让自己不快乐地工作；我们不会让灵魂更自由、更完整或用喜欢的东西滋养灵魂，而是忍受着痛苦的现状。

- 我们重现着那些负面的家庭情景，以此表现对家族的绝对忠诚。我们内心有一条禁令：不可以更快乐，也不可以比父母更成功、更富有、更自由。

总之，这段时间我们和父母的联系非常紧密。但再次重申：首先，在生命之初，这样是正常的，且在每个人身上的表现都不一样；其次，在年轻的时候，受激素和对父母愤怒情绪的影响，与父母的紧密关系并不会阻碍我们。是的，我们虽然没有真正脱离他们，但我们还在自己的道路上奔跑，探索我们应该做的事。我们在积累经验、犯错误并正以这种方式形成自己的身份：从外部获得一切，以便与父母分开并过上自己想要的生活。

到了这一步，让我们分两次来依依不舍地撤离。如果你觉得与父母分离的迹象还很遥远、模糊不清，那么我现在将通过一些具体和常见的例子来说明不完成分离任务对我们的影响。我相信，在这些例子中，哪怕你看不到自己，也会看到一些与你亲近的人的影子。

从前，有一个小红帽。她年纪轻轻，活泼开朗，精力充沛。总之，她可爱又幸福。直到有一天，她长大了，开始和一个男人约会。他们的生活走上正轨，但小红帽却判若两人，她变得沉默、严厉，甚至有些压抑。周围人对小红帽如此大的变化感到不可思议。后来人们才发现，她似乎被囚在了金色的笼子里（并非每个人都如此），在抑郁中变得萎靡不振。就在不久前，她还比所有人都有活力，如今却成了一个孤独的睡美人，而不再是一个可爱的姑娘。同样的情节发生在情感贫乏的家庭和充满爱的家庭里，你想想分别会怎么样。

第二个小红帽独自生活，不知痛苦为何物。她上了大学，然后参加工作。在工作中，她觉得自己应该这样，然后那样，适应这件事，符合那条标准。无论她怎么努力，怎么调试自己，还是找不到正常的自己，也无力抵抗一切。她越来越难受，觉得自己出了什么问题。周围的人都冷眼看着她，想从她身上找到那些难以理解的情况的原因所在。

第三个小红帽想辞职、创业。她想开个小餐馆，烤漂亮的蛋糕和馅饼。可事实是，她正在一家大公司当律师。她无法做出决定，她不想辜负父母的期望。

哦！还有一个小红帽的例子。每次她一决定结婚，或者按照自己想要的方式安排生活时，遇上的情况不是母亲生病，就是父亲喝得烂醉如泥。小红帽不得不和他们一起去诊所或去药房。于是她不再拥有自己的生活，这种情况已经持续十年了。

这些故事我可以一直讲下去。如果你仔细观察一下周围就会发现，到了 30 岁，我们几乎没有机会完成这道题。但重要的是我们要记住：我们都逃不过"她"的 命运。如果我们不在 20 ~ 30 岁的青年时期完成这道题，那么我们就要付出未来几十年的时间。届时，情况会更加复杂。如果是一个充满力量和勇气的年轻女孩，她的父母还比较年轻，也还健康，那么此时她和父母分开是一回事；如果女孩的父母已经老了，又生病了，他们开始越来越紧地抓住女儿，那么我们所谈论的就完全是另一回事了。

为什么我们会面临以下这些情况呢？

- 遇见残忍的"王子"，我们选择了他们，然后在他们的苛求和贬低下变得不幸。
- 遇见自以为是的老板和令人筋疲力尽的工作。
- 在"无法忍受的"和"真正想要的"之间徘徊。
- 一些必须始终满足的社会要求和准则。

这些都是生命的"礼物"，虽然这么说也有点难为情。但是，多亏了它们，我们才能夺回没有从父母那里得到的东西。让自己不服从，不被选择，不听从，能拒绝，做对我们很重要的事，在"应该"和"想要"之间找到平衡。这些情况的出现标志着我们要解决与父母分离的深层问题。

如果我们通过了内心的考试，并获得了自由，那么，请相信我。

- 折磨我们的、不滋养我们的关系不再能困得住我们；
- 我们无须再忍受痛苦，可以选择离开；
- 我们在自己身上感受到了掌控生活的力量以及随心改变生活的力量；
- 我们获得了拒绝他人甚至拒绝父母的能力，能够设定界限来保护对我们而言很重要的东西……

也就是说，分离的成功能够使我们在情感、认知和行为上摆脱父母的影响，同时与他们保持联系。我们可以将我们的感受、想法和行为与他们的想法、经历和行为区分开来。他们的意志、欲望、评估、意见、想法、命令将不再能控制我们。渐渐地，我们积累了这种独立的经验，我们意识到自己独立于他人。我们正从一个需要指导、评估和保护的女孩，变成对自己的生活负责，有自己的判断，能做出有利于自己选择的成年女性。

最后，重要的是注意以下几点：与父母关系的破裂不等于分离，尽管有时这是我们结束有毒或虐待关系的唯一方法。心理上的分离将在我们的内心发生，而无须对方的参与。但是这件事必须被完成，这些人在我们的生活中影响重大，哪怕这种影响来自反对和斗争。成功完成分离将让你收拢内心的精神能量，将生命之流从对父母的军事行动引向你自己的宁静花园。

第十八步　解决自由和依赖之间的内在冲突

有时，在年轻的小红帽们看来，最终的分离是一种真正的快乐。她们将和父母分开，然后过自己喜欢的生活，不必对他们感到内疚。"是的，这很难"小红帽可能会想，"但是……自由"！哦，多么天真！自由是世界上最可怕的事情之一。

分离是个很大的问题。

逃避重要的人并不容易。你将去遥远的地方，与父母停止一切联络。通常情况下，这条路的结局并不好，我们的焦虑持续上升，恐慌也会发作。

这是一个让你改变自己生活的机会，你要面对自己所做的每个选择的后果；你要忍受与焦虑的会面，面对所有的风险，你将独自面对你必须解开的东西。

- 这是一种非常脆弱的感觉，在孤独中你将被迫付出代价，并且独自担责。
- 这是对选择的不完美及对后果的不确定性的羞耻和内疚。
- 这是对变化的永恒恐惧。

也就是说，这是一次与事实的会面，你将远离某些共性，在许多方面与这个世界开展一对一的挑战，但你一定应付得过来。

一旦你掌握了这个能力，接下来的一切将变得更有趣。

你必须忍受被比较的焦虑，承担失败的后果。在他人不完美的背景下接受自己的不完美。对每个人都保持这样的态度：尽管如此，一切都很好。

承认自己的独特性，包括自我表达的方式，它们基于你对自己、对社会、对他人的重要性和独特性的充分评估。

你将挑战与别人的力量共存，同时保持正常甚至足够好的状态；你将认识结构和系统，包括家庭结构和系统；你将真诚地尊重一个人、这个人的祖辈以及他们不完美的生活方式；你将尊重自己的成长和你的孩子。

以你现在所处的位置来看，这听起来完全是狂热的。你内心甚至很害怕：我为什么要这么做？我们的心也在问自己同样的问题：我为什么要紧张？我经受得住焦虑吗？为什么这样做？为了成为一个成年人，并忍受这一切吗？好吧，让我们向后转，我们不会沿着分离的道路前进。确切地说，我们来回走动，因为这条路是可怕的、令人不安的。我们似乎应该去自己的森林，但我们内心的破坏分子在尖叫、在害怕。

生活给我们提出了分离的任务，但在我们内心，还有一个重要的、至今尚未实现的愿望：满足依赖的需要。是的，我们长大了，这种需要被带走了，但纯粹是无意识的，我们很想继续依赖。

这样，我们就不必与这个世界独处，去面对不可预测性、挑战和危机了。

这样，我们就不必独自做出生活中的重要决定了。

这样的想法最终是为了保护我们，并帮我们找到能珍惜、照顾和爱我们的人。

而对于分离，我们没有任何保证。这也是小红帽最终要去的地方，她必须每年都将自己身上像雪球一样越积越多的东西扒掉。她害怕它们会让自己在心理上徘徊不定。

• 为了不感到孤独以及出于想对自己的生活负责的心理，她把自己的一部分留在了产房里，好像她的一只脚还在那里。

• 为了解决分离的问题，她不断地把自己推向一个大世界。她要求自己停止索要，成为一个成年人，忘记通往父母的那条路。

你和我基本上将在这种两极徘徊的心态下独自过完第一个十年。这很正常，重要的是不要被困住几十年甚至更久……

练习

对自己的这些需求进行思考是合乎逻辑的。

• 你是否感觉自己需要与父母分开？你内心的小女孩在你的生活中是如何表达的？她的行动和决定是什么？

• 你是否感觉自己的需要取决于父母？它是如何被表达的？

• 在你看来，当下哪个需求占据了主导地位？

• 你内心有没有处于顾及家庭和过自己的生活之间的冲突？它们对哪些方面有影响，是如何影响的？也许，你将不得不放弃一些东西，然后停下来给自己浇水。

第十九步　解决承担个人责任和责备父母之间的冲突

经过上一步，小红帽可能很想走上一条错路。因为在她看来，那就是解药。在哪里丢失，她就在哪里找回来，而后将"篮子"装满，走得更远。她只需要"榨干"父母，获得他们的爱、认可和赞美。

"我就知道"，小红帽急切地抓住了这个想法。"这是谁的错？我的生活并不适合我！既然以前不知道父母的想法，现在就应该让他们承担责任。等充满爱、信任、和平与祝福的父母准备好了，我再转身走出森林，过充实的生活。"

当我第一次去见生命中的第一位心理治疗师时，毫不意外，没有比抱怨母亲更有聊的话题了。"嗯，就是这样。不然呢？"心理医生苦笑了一下，相当尖锐地指出："一个三十多岁的女人不能还把一切归咎于母亲，你应当停止做这样的奴隶。"在那一刻，我想打他那令人厌恶的脑袋。

怎么停止？！为什么？！

就是因为母亲，我的生活才一团糟。如果不记得母亲，那么我还有什么必要看心理治疗师？

现在，我很理解那个治疗师，很同意他的看法，是同意他所说的内容，而不仅仅是表现形式。在那片深入治疗的森林，我发现怒火的柴垛来自我自己。无论母亲造成的影响是怎样的，她都有自己的生活，她不知道我在忙些什么。反倒是我，在很长一段时间内，都想摆脱她提出的各种要求……

随着年岁的增长，不再从父母身上寻找原因对我们来说越来越重要。现在的你完全可以自己决定做或者不做某件事，成不成为"完整的自己"，而不是"寻找那个女人"。诚然，以前是母亲在做决定，但现在做决定的是我们自己……

我不会阻碍任何人抱怨他们的母亲，抱怨是有必要的，甚至是令人愉快的。来做心理治疗，就不必为此害羞。但与此同时你要意识到，你已经可以不被干涉地走自己的路了。

直到现在，你可能仍然将发生的或没发生的事情归咎于母亲，这么做确实可以让你保持依赖。承认这一点很重要：你仍然依赖，因为依赖仍然重要。而你所渴望的美丽、广阔的独立生活，正在森林的那头等待着……

分离不是父母应承担的责任。我们可以任性地站在他们面前边哭边埋怨："你们怎么这样！你们要改变，要成为正常人，要给我自由，要承认伤害，要承担责任，让我去过自己的生活。"但他们可能拒绝一切，什么都不做，或者就算做些什么也只是生气，操纵或灌输让他们有一种罪恶感。有的父母拿邻居家的女儿与我们作比较，问我们什么时候结婚、离婚、生孩子、找个好工作等。有的父母先是对我们不理不睬，再不停地问东问西。不管怎么说，他们绝对拒绝改变。我们不停地问老天爷或是身边的人：为什么除了我，每个人都有正常的父母？怎样才能让他们远离我，或者怎样才能不内疚、不羞愧地离开他们？

我的答案就一个：没门。

自由是昂贵的。

自由不是别人给的，是要我们自己争取的。即使情况对我们不利，即使整个家庭都在抵制这一点，即使我们因为匮乏而非充实才必须独立，即使我们无法得到自由，我们仍然要离开。因为拖延、盲目相信和对父母忠诚所付出的代价高得令人难以忍受。

这里就看出了分离的本质——它是真实的，而非童话般神奇的。理想中，父母带领小红帽走上正轨，指明了远离家乡的方向，给出了正确的建议，放手让她走。同时，他们骄傲地认为自己生了个十分漂亮的女儿。

　　现实可不是这样。我们将流血、流汗，也流泪；我们将抵抗、斗争，也绝望；我们将愤怒、怨恨且无力。我们再次尝试向父母索取，我们自己无法承担责任，过程充斥着酒精和耻辱感。一段时间之后，在这片施过肥的土地上，美丽且昂贵的花朵——自由自洽——将会生长出来。年复一年，这些花朵将对我们越来越有价值。在 30 ~ 40 岁，我们继续珍惜并浇灌它们，专心地审视着自己，总结人生最初的成果。直到 40 ~ 50 岁，我们才可以自己决定我们是谁，是什么样的人，我们想要什么以及我们怎样才能做到这一点。我们终将感谢这些花朵，是它们让我们始终对生活保持满意。

　　为此，我们将不得不面对一个残酷的事实：如果小时候没有自行车，那么现在父母也不会给了。这个事实将伴你共同生活，带来泪水、哀号和无力改变的绝望，最终伴随你一路向前……

练习

　　下面我将向你提出几个问题，让你更好地了解自己与分离相关的内部冲突的情况。

　　• 相比与其他人在一起，与父母在一起时，你常隐藏或淡化自己的成功。

　　• 你尽量不生气或不想起自己的父母。如果出现这样的想法，你会责怪自己。

　　• 你担心父母的身体状况和感受多于他们自己。

• 父母像所有的普通人一样是有缺陷的，但这一点令你不能忍受且失望。

• 如果你的意见与父母的意见相冲突，你很难将自己的意见藏在心里。每次你在不同意父母的意见时，你都会责怪自己。

• 当你和所爱的人变得不太一样，或者做了一些他们绝对不赞成的事情时，你将感到焦虑。

• 你觉得拒绝父母十分困难，哪怕做不到，你也总是满足他们的要求。

• 当你犯错或失败时，你会用父母的话甚至语调自言自语。

• 你对自己和父母之间的关系不理想这一事实感到自责。

• 当你的健康状况、幸福感和生活水平高于亲人时，你会感到焦虑。你为自己比他们更快乐而感到羞耻。

如果你对以上 1 ~ 3 个描述的回答是肯定的，那么可以说，你的分离过程进展顺利。是的，维持家庭系统需要有一定的链接，如果完全没有，家就散了。但如果你有更多肯定的回答，那么说明在与父母分离方面，你还需要付出更多努力。在分离这条小路上，你还需要走一段时间，这是正常的。

第二十步　承受焦虑，选择可能拥有的生活或者面对二者之间的冲突

有时，为了逃避自己的生活和与之相关的一切，我们转身回到父母家门口，不时地敲门。

"大概，是我太不自信了，我之所以在工作中做得不好，是我小时候没有被称赞过。"

"大概，我现在找不到一个正常的男人是因为父亲不爱我。"

"我可能无法辞职、离婚或创业，因为小时候我做什么事都不被允许。"

一方面，一切问题的根源确实来自童年。我们从这里找原因也许是对的，但也只是为了让自己因为这些过往和感受变得更有价值、更重要。如果父母没有责任，所有这些的发掘就没有了意义。遗憾的是，无论你带着财富还是背着赤字，今天的你都要对自己负责。无论你成功还是失败，努力还是颓丧，已与过去握手言和还是任由其保持原样。

如何利用这个世界来逃避焦虑对我们来说很重要。

我们对自己的欲望焦虑，因此我们将禁止自己体验和表现这一切。

成年后我们的焦虑会被一些人发现，并且我们严重地感受到自由和独立受到了威胁。

一些非常真实的人物扼杀了我们对生活的视野和热情，使我们感到焦虑。

　　我们会先利用母亲、父亲、丈夫、孩子、闺蜜、治疗师来解释焦虑，是他们不让我们长大、做喜欢的工作、去赚钱，他们让我们无法随心所欲地表现自己，更不能自主地做决定。他们对我们是如此重要，以至于只要我们需要，他们就会出现。

　　他们是限制者、禁止者、羞辱者、控告者，甚至是贬低者，无论哪种身份都很重要。相应的，他们承担的职责也越来越重要——与我们斗争。我们必须有他们在身边，才能对他们发动战争、承受战争并取得胜利。

　　这个心理课题是我们成长的必经之路。以上所有表演都在我们内心的舞台上演，可能持续几十年，最后主角们鞠躬、谢幕，到了后台，他们才松了一口气。

　　遏制和斗争的能量将会枯竭，这种表演也不再有意义，而自由将成为生命的一部分，成为一种权利和能力。我们的生活将自然地脱离亲人，我们将完全融入自己的灵魂。

　　生活中的其他剧目将要展开，其他角色将登场，这是为了适应当前成年人的心理课题。在一幕幕内心剧中，隐藏着令人惊叹的情节，我们挣扎、受伤、悲伤、哭泣、建立关系，也失去关系，去爱，也去恨。我们坚信：自己的生活有惊人的潜力，是自由且充满力量的，而一切的现实代价便是放弃从父母手中得到所有。

练习

　　本节任务很简单。

请在周围人身上找到那些你认为被扼杀的特质：性感，自由，美丽，富有创造力，成功，有活力……

很明显，如果没有他们的存在，你将与现在有很大不同。

如果不是他们，你会怎么做？如今，你做了什么，实现了什么，拿定了什么主意？

第二十一步　熬过对满足童年时期需求的渴望与谦卑之间的冲突

父母或许从来没有给予我们需要的东西。

成长的本质是接受所需之物，放弃无用之物，哀悼无望之事，而后继续前进，在新的地方或是他人身上找到自己所缺乏的。父母没有的，在广阔的世界中有，而且还很多，你只需要用充满泪水的眼睛寻找它们。

因此，出路也就不在无谓的等待和伸手向别人求助之间。

我们尽可能创造性地通过不同的来源获得我们真正想要的和所缺乏的；向可能有所得的地方投资，而不是在不能得到的地方陷入"负面幻觉"。我们有权得到自己需要的东西，也有能力获得。但同时我们也要承认，不是每个人都能给我们想要的东西；或者，他人可以给，但不会马上给；又或者，为了那些东西，我们将不得不付出很多努力。

总之，在这一时期，我们逐渐从童话故事中走出来。等到青年快结束的时候，即到了 30 岁左右，我们自然会这样想："是的，有些东西我天生没有，这是我离开原生家庭时背上的行囊。但我的篮子里有一些馅饼，我会想想看如何用好它们。我面前有一个大世界。有的人让我感到温暖，有的人与我兴致勃勃地对谈，有的人使我乐开怀。对某人来说，我可以变得重要和有价值。我会和某人建立关系，这段关系很大程度上取决于我自己，而不是我的父母。"

当然，我们的生活中还是会发生一些事。

如果我们让它们发生，就有受伤的风险——自己的心可能因这个世界和世界里的人而破碎；但如果我们不冒险，有一天我们会发现自己老了，没有过上本可以拥有的生活，只因为我们当时不敢，没有跨越只需要勇气不需要知识的界限。敢于迈出一步，承受后果，这是我们一生都在学习的内容。

但通常在青春期的门槛上（有时甚至更晚，当岁月流逝，问题越来越多时），我们站在十字路口，期望母亲为自己成年后的安全提供明确的、正确的秘诀和不犯错的通用方法。这样做首先不会让我们经历痛苦；其次可以让生活穿上完美的、幻想中的、抽象的、带有女性气质的白大褂。

有时我们会这样对母亲说："给我一个处方，这样我就可以把自己从失望、错误和痛苦中解救出来，然后我就可以认为自己很正常了。"这简直是在请求天堂的救援……母亲到底能给我们什么？她只能在我们无能为力时张开双臂，也可能冷冰冰地回应：

"请别打扰我，我的生活也已经被碾压了，我还在发抖。"

得到这样的回答后，你会有什么感觉？无能为力、被遗弃、抗议、羞耻或者想为母亲的错误而惩罚她，正是由于她的错误，自己现在看不到任何希望。而后，我们热情地向她证明自己会找到救赎的秘诀。我们又一次进入寻找理想的、可以救命的母亲迷宫：如果她不一样，我会生活得更容易，而这是死路一条……

有一次在与来访者合作时，我们摸索到了一个重要的出口。在某些时候，她深情地说："成为一个成年人很好，自己做选择是多么美妙。"她这样说，让我心里暖暖的，泪水在我眼眶里打转。这趟旅程纵然漫长，但她找回了散落在人群中的那部分自己。毕竟，这是一个耗费精力的艰难过程。

在这样的生活中，母亲可以邀请女儿，给女儿展示自己的状态：长大了，有了选择的能力，该有多好！不要向你的女儿透露天堂般安全的神奇大门，也不要对真实女性那充满困难、痛苦和背叛的生活充满幻想，而要告诉她成为成年人意味着什么以及什么是尊严，让她自己选择闺蜜、朋友、男人、爱好、活动，自己决定参与每件事的程度，与每个人相处的程度等。

总之，母亲们不会给出完美的指导和保护。虽然我们不必马上接受这一点，但是必须接受这一点。

练习

想想现在对于你来说，最重要的需求是什么？你需要什么？缺少什么会让你不舒服？

周围有没有人能帮你做这件事？

为了更好地满足自己的需求，你愿意付出哪些努力？

.

第二十二步　解决绝望和侵略之间的冲突

至此，我认为几乎所有正常的小红帽都很清楚自己的内心发生了什么样的变化。

她渴望自由，并想逃到森林里私下与狼群会面，而狼群承诺会为她带来各种乐趣；她还希望在家门口得到正确处理世间所有事的指示，以及一个知道该去哪里的魔法球；无条件的爱和接纳、对温暖的家庭关系的依赖和认可，都应该被放在篮子里。然后，我们几乎可以肯定，她生活中的一切都会好起来的。她将能够驯服狼群，用她的爱驱散它们的野性，并按照被注定的命运生活。

但现实是，生活不仅不会给予这些美好，还会把各种烂馅饼放在同一个篮子里，并附带规则和限制。然后小红帽要去弄清楚自己需要什么以及该扔掉什么。更有一些可怜的小红帽，她们在什么都没有得到时就被扔到了森林里，然后必须用后半生补足一切，而且她们没有地图。正如俗话所说，风险自担。怎么能让人不生气呢？怎么能不让人愤愤不平，时时陷入绝望呢？生活中，要么是小红帽自己失败了，她无法完全脱离父母，要么是父母有缺陷……

小红帽做的一切都是对的。她应该希望、应该要求、应该等待，然后生气并愤慨，继而去培育这种情绪并把它引向正确的方向——分离。她有必要让父母"做坏人"，这样她才有机会离开。这不是为了贬低父母或在精神上贬损他们，而是向自己承认，他们真的不是她想要的，不是她应该拥有的。父母也许失败了，也许搞砸了……

除非有富豪父母，我们也许可以坐等一切，迎接本就注定伟大的理想人生，拥有光明的未来。

什么？

不会有？

我们就这样走开了吗？

马上？

放弃所有索赔算怎么回事？

就这样拿起东西离开，还随手关门？

气愤和怨气比悲伤和痛苦来得更强烈，因为我们不再有任何希望得到需要的一切。我们中的许多人都靠着这种能量离开——毕竟离开坏父母比离开好父母容易。你可以利用这种能量，从另一个方向上做更重要的精神上的努力，并审视这个阶段究竟什么对我们很重要，自己能否将其组织起来，有没有办法让父母也这样做……

练习

对父母的愤怒会加速分离，没有完美的父母，每个人都会犯错，因此我们确实有时会对父母感到愤怒。

如果我们对自己的委屈抱怨得太久，那么愤怒对我们来说就变得不太有价值了。我们在寻找理由而无法平静下来，此时我们应该想想自己为什么愤怒。普通的愤怒似乎不足以让我们与这些"可怕的父母"分开。一个人必须驱使自己愤怒，但分离的冲动又无法克服对需求满足的渴望。

然后，我们对父母的愤怒无法通过自然循环被代谢。在这个循环中，愤怒被失望取代，然后是悲伤。失望，即我们对理想的父母失去希望。理想情况下，父母有能力给予爱、温柔、支持、保护和照顾。我们面临这样一个现实，即我们的父母只是活生生的人，他们只能以自己的方式应对父母的角色。然后我们就可以悲痛和难过了：女孩注定只能过这样的童年，童年已经不可能重演了。但现在我们可以承认这一现实，并去往其他我们可能得到爱、支持、关注和关怀的地方。

"失望（幻灭）是我能给你的最大礼物。然而，鉴于你对幻象的执着，你认为这个词是负面的。你用这句话向朋友表示哀悼：'真是太令人失望了。''幻灭'这个词的字面意思是'从咒语（幻觉）中解放出来'，但你仍然坚持着自己的幻想。"①

第二十三步　在过错和选择自己生活的冲突中坚持下去

为了公平起见，很多时候不想分开的人不止我们一个。我们不想永远落后于父母，甚至我们在思想方面也不向他们索要任何东西。

当然，可能父母以及整个家庭都反对放我们走。如果小红帽最终不可挽回地决定离开并开始按照自己的意愿生活，那么家庭中将发生许多"可怕的事情"。下文我仅列出母亲抵制我们分离的原因，父亲也有这种情况，只是更多的时候表现得并不那么明显。

母亲可能没有别的依靠了。最终，她将没有其他东西来支持自己的价值、重要性和自尊。毕竟，她曾经是一个母亲（即使仅在功能上，不是在情感上），这个角色是她的主要角色。

她将不得不面对孤独，以及思考在成年后期应履行什么样的责任。这意味着她要经历自己的危机，她根本没有准备好在新的条件下迎接和重建自己。

她终于见到了丈夫。她会判断他们是否真的有关系，或者他

---

① 这段文字出自美国作家丹·米尔曼（Dan Millman）所著的《和平勇士的智慧之道：改变生活的指南书》一书。——编者注

们在一起是否仅仅为了孩子。事实证明，现在她什么都没有了，她体验到家庭作为一个系统的危机。

她将不得不失去女儿这一盟友，独自对抗丈夫。有时，丈夫会"虐待"她或者定期酗酒。

母亲将失去她在女儿身上养大的"父母"。这听起来可能很奇怪，但你不知道现实中有多少父母会提出，他们是理想的、随时可用的、有同情心的、有爱心的"父母"，他们声称孩子永远欠父母的债。

正如你所看到的，父母有足够的理由不放手，并抵制这样一个事实：即发现他们被迫将精力重新定向到问题和困难上。他们不想失去多年来形成的稳定局面，不想重建系统并重新分配责任。有人害怕与现实独处，有人在已经到来的无意义面前感到恐慌，并且需要以某种方式填补不再完全围绕着孩子的生活。

这一切都让我们的离家变得更加困难。大概，你已经明白了，这里还有谁没有和父母分开，还有谁被当成道具和补偿？有时你只能在一种情况下成为一个好女儿：成为父母的理想"母亲"。通常我们已经这样做了很多年。我们试图喂养他们，滋养他们，给他们更多，让他们快乐，教他们玩得开心，并应对他们生活中出现的问题，从而忽视了自己的生活……

我们必须为自己和"那个人"做这项工作。这是一项令人难以置信的脑力工作，它持续了很多年，有时甚至几十年。我再告诉你：在一些情况下，家庭成员间的依赖性和纠葛太大，以至于一代人都无法进行真正的精神分离。如果我们采取措施，让我们的系统稍微朝着独立自由、有更强的能力选择生活的方向，那就太好了；如果我们将这项权利传给孩子，那就太好了，这种权利是我们在与父母的斗争中通过眼泪和精神痛苦获得的。

让我们试着粗略估计一下，你从父母家庭中"脱颖而出"会有多困难。为此，我们使用鲍文[①]的家庭评估方法。我们的父母在情感和心理上的差异越小，我们就越难以采取方法离开家庭系统。

阅读以下关于分化类型的描述，并尝试判断你的父母属于哪一种类型的人。

1. 一级融合弱分化

- 情绪支配着思考和分析事实的能力；
- 几乎没有自己的态度，一切观点都是从社会大众的刻板印象中借来的；
- 没有对现实的独立理解，没有拥有个人精神生活的能力；
- 对压力的抵抗力降低，易发脾气、愤怒、流眼泪和产生暴力情绪；
- 所有的精力都花费在寻找爱、认可和维持和谐的关系上；
- 完全没有精力实现人生目标；
- 具有逃避和回避决策的倾向，或者仅根据当前的情绪接受它们；

---

① 默里·鲍文（Murray Bowen）是美国精神病学家和心理学家，是家庭心理治疗的先驱之一、家庭系统理论的创始人。——译者注

- 在任何年龄都强烈依赖父母；
- 由于缺乏精力而无法解决一些长期问题；
- 认为一切都是别人的错，不愿对生活或人际关系中的失败负责。

2. 二级融合平均分化

- 对自己丰富的情绪更具适应性，尽管情绪仍然支配着人；
- 寻求认可并努力赢得赞誉；
- 倾向于依赖不同性质的人与事，包括来自他人的评价和与他人的关系，没有这种依赖，人们就感觉不到自己的价值；
- 渴望适应他人的期望；
- 尝试拥有对现实的理智理解；
- 对普遍接受的观点持有不同意见，但观念仍不稳定，能适应有意义的关系；
- 需要为完美的关系而战；
- 情商低；
- 易抑郁，有一定情绪障碍；
- 易冲动，有不负责任的行为；
- 在大多数情况下会发出免责声明。

3. 良好的分化水平

- 在情感和智力领域发展充分，二者可以健康合作，不会在一个方向或另一个方向上发生强烈的扭曲；

- 情绪背景稳定，没有强烈的情绪波动；

- 有不与他人融合经验和感受的能力；

- 抗焦虑能力强，不易陷入情绪反应；

- 有良好的适应能力，即解决问题、处理压力和恢复活力的能力；

- 追求高层次的个人自由；

- 对自己的生活和行为负责；

- 目标具有可行性，拥有实现目标的能量；

- 人际关系不是他们生活的唯一目的和意义；

- 有足够的自尊和自信，对他人意见的依赖程度低；

- 拥有个人信仰，无须与环境抗争。

由此我们可以得出结论，我们父母的分化程度越低，我们就越难以达到第三种，即良好的分化水平。这并不意味着我们注定要重蹈覆辙，但是我们的发展将取决于我们对初始条件所做的事情以及我们今后可以找到哪些工具以朝着自己期望的方向发展。

第二十四步 在回归家庭系统与恢复个人常态的冲突中保持精力充沛

　　由于经常与来访者在一起，我不得不深入研究一些近乎"病态"的故事。有时，不只是父母的不情愿、焦虑阻碍了我们进入自己的生活，似乎整个生病的家庭系统都在反对我们康复。那么我们将不仅要为自由生活而战，还要为心灵的完整性而战。而到了 20 ～ 30 岁这个阶段，这种冲突就变得更激烈了。如果我们一开始还在试图以某种方式适应、谈判、证明，只是偶尔爆发和逃跑，那么在这个阶段结束时，我们将觉得自己的身体被束缚。然后，我们的自由变成了正常的旅程。

　　荣格精神分析学家玛丽 - 路薏丝·冯·法兰兹（Marie-Louise von Franz）在《童话中的女性》中非常生动地描述了这个过程。

　　"整个家庭都可能是神经症，然后一个孩子出生，他有一个健康的倾向，他没有适应家庭的神经症，而是开始抵抗它……如果一个健康的人性与一个有神经症的家庭产生交流，那么真正的悲剧就发生了。本能的正确行为导致不应有的痛苦……一个处于病态环境中的正常孩子无法证明自己是对的，别人是错的，但他会怀疑。别人会说他错了，说他是魔鬼，这也成了许多年轻生命长期延续的悲剧。有时在分析过程中，你可以简单地说：'你是对的，你为什么怀疑它？'有这样的肯定就足够了。"

　　在对病态家庭的不断反对中，一种常态表现会出现，我们常常发现自己一开始很安静，然后内心的声音越来越大："嗯，这不正常，不应该！是你生病了，但我一切都好！"我们会在自己的反应、行为和感受方面与其他家庭成员发生冲突。我们克服了亲人的抵抗，不仅是为了做我们想做的事，更是为了让它进入正常的范畴，而不是我们的精神偏差，就像我们有时从亲人的反应中看到的那样。同时，我们也经常感到自己的异常，甚至感觉自己是个叛徒，因为家庭总是直接或含蓄地谴责我们的生活方式和差异性。他们不能将其视为我们不断寻求治愈的过程。

我们需要很多年才能胆怯地声称自己可能是生病的家庭系统中最健康的成员，但在漫长的生存岁月里，我们坚信自己是最不正常的。我们正在系统地尝试恢复正常。我们的正常感非常扭曲，因为最初我们除了父母没有其他。我们模糊地感觉"这就是我的感受和生活"，我们自我的响亮声音需要一定时间，才能抵制外部评估。之后，我们会坚定地说："我很好，只是常态威胁着这里的其他人。"

然后我们的内心发生了一场革命。虽然痛苦，但能治愈心灵。我们很难承认我们的家庭系统生病了。我们想要被治愈的愿望不是背叛，而是一种爱服务的行为。我们正在努力让整个系统有机会恢复。我们以我们的紧张、焦虑、恐惧、羞耻和内疚为代价，并为亲戚做了很多工作。

因为希望家人变得健康并想要治疗他们，小红帽难得一见地没有在这里大张旗鼓："现在我要自己动手，来给你们治病。这是为了你们好，也出于我对家族制度的忠诚。"这是一扇通往疯狂的大门，因为有尝试就会有失败，而失败的代价是她自己的改变和异常。

在我们采取下一步行动之前，我们浪费了很多时间。"我很正常，我走出了这扇门。我把你留在这里，由你选择。因为我很无聊。"

顺便一提，无论我们从走向心灵分离的哪一个起点出发，通往个人自由的出口将永远在标有"无力"的门后面。

"无论我多么努力地战斗，我都无法从你那里得到任何支持、信心和安全感。不管我怎么努力，我都改变不了你。

"不管我怎么努力，你都不会是我需要的那个人。

"不管我怎么解释，你都像个聋子、瞎子，你甚至是愚蠢的。

"不管我怎么医治，你都不想痊愈，因为你比较冷静。

"但我要走了。因为我再也不能用我的生命换取你的康复、幸福、平安、满足和自我价值。

"而我对此没有意见！"

让我们稍微总结一下这项艰巨的心理分离任务，我们在20～30岁的时间里，在这条路上来回走动。我想展示以下内容。

• 这是我们都需要走的一条非常重要的道路。没有人能摆脱这种心理挑战，但也有人在长期反抗。

• 在这条道路上，我们都很难。所有人都在反对我们，包括我们的父母、丈夫、孩子、同事等。我们必须从每个人的利益出发，最终获得自己的生命权。

• 如果我们避免走上分离的道路，逐渐切断与父母的联系，那么代价就是我们将浪费自己的潜力，我们的生活永远不会真正开始。

• 在这条道路上，我们有"导师"，尽管我们很难这样称呼他们；我们还会遇到那些阻碍我们倾听自己、相信自己、欣赏自己的人，他们狡猾地对我们耳语称，我们什么都不是，我们应该成为他们希望我们成为的人。一件成年人红袍的价格与一顶帽子相差甚远，但它值得。我们必须迈出一大步，不要关注那些阻止我们的人，也不要阻止我们实现真实的自己。

• 分离并不容易，好父母和坏父母都很难离开。没有人会为我们创造特殊条件，也没有人为了让我们更容易自由而改变什么。我们越早接受这一点，离出口就越近。

• 注意我们一路上需要解决多少冲突，需要采取多少步骤来实现自己的自由和正常。我们有多少次试图赢回并结束一段关系，这些想法从童年起就一直伴随我们。

第二十五步　开始了解成年人的世界

当我在第二部分开始定义这一时期的任务时，我提到在建立成年人关系方面获得经验也是我们的主要路径之一，这意味着尝试、冒险、承认错误，失望以及陷入绝望并回到人们身边。青春期是学习人际关系的时候，我们开始构建、修复、完善关系；去爱、去忍受、去分开、去原谅和告别不合适的人；去放手、去亲密、去分享秘密、去设定界限。

一方面，我们的关系变成了一个舞台，我们可以在其中解决与父母之间未解决的冲突，他们是我们的合作伙伴。我们真的很喜欢那些从他们身上获得的父母无法带来的积极情绪；也发生了一些我们难以接受的事，以及从开始接受到最终失去希望而产生的消极情绪。

另一方面，人际关系为我们的未来搭建了一座桥梁。在接下来的几十年里，赢家将是那些没有待在家里，而是学会了恋爱的人。哪里没有男人？他们是我们分离和个性化的重要组成部分。通过他们，我们解决了许多问题，正如他们通过我们所做的那样。当然，我们也与女性有关系，这在之后的岁月中意义更大。

与此同时，让我们看看自己为什么在这个阶段需要男人？毕竟，有时我们在对他们的渴望中只能看到坠入爱河、体验温暖和亲密的一面。但是，相信我，我们有很多无意识的理由去建立一段关系并选择其中的某些男人。

· 我们寻求逃离有毒、冷漠的家庭气氛，而建立关系往往是离开父母的一种方式。

· 我们经常以牺牲男性为代价来维护自己的自尊心。我们认为：如果我被（这样的）男人选中，那么我一切都好。

· 我们可以保持自己在女性中的地位，"我的女性朋友中没有一个有男朋友，但我有"或"每个人都有男朋友，现在我也有了"。

· 我们不想以牺牲一个人为代价来为生活承担责任，也不想为如何应对这种生活而焦虑。

当然，我们需要通过男人获得爱、亲密和性。而这不仅仅是对激素致敬或为了满足自己对王子的幻想，这是我们青年人的重要任务：学习如何建立亲密关系。如果不完成任务，我们就有可能在随后的时期内增加与人的距离。我们每个人对此都有不同的心智能力，不同的依恋体验也会影响我们是否可以接近他人。我们中的许多人害怕痛苦，不喜欢人际关系。我们从孩提时代被带入生活的创伤也是不同的。好在我们这一阶段的激素水平很高，以至于我们带着行李也可以疯狂而勇敢地对待男人。在这些关系中，我们有机会治愈家庭带来的旧创伤，了解我们与男性的关系模式可能与我们同类女性的经历不同。

通常，在 20 ~ 30 岁，我们都经历了一些非常重要的关系，这些关系决定了我们很长一段时间的未来。它们要么热情而转瞬即逝，要么缓慢发展而使人筋疲力尽。它们可以是正式婚姻、短暂的阴谋或与已婚情人的浪漫。但事实仍然是，这些经历在未来几年建立了我们作为女性和合作伙伴的自我意识。在此期间，很少有人能够轻松地参与一段关系，并带着一颗未受到触动的心离开那里。

我们很好，我们可以被爱。

有时，关系中充满苦涩、失望和对自尊的伤害，之后我们无法通过任何新的联系和关系恢复。

恰巧这些关系的第一阶段给了我们力量和信心，充满了幸福、温柔和关怀，然后一切都崩溃了，我们也陷入碎片，无法收拾心情……

当我遇到某位女性讲她的故事时，我想闭上眼睛点头，用独特的方式倾听并对她表示同情。

"欢迎来到成年女性的圈子。环顾四周，我们都在这里有不同的经历。我们和很多坏人的关系很好，这也有很多好处，我们将得到的好与坏随身携带。多亏了这一点，我们终于来到这里。

"我理解你的伤心，甚至为你的故事就是这样而感到羞耻。也许在你看来，你没有应对、没有预见并且没有看到重要的事情。你低着头四处走动，惩罚自己，这样做是不值得的。在反复试验的那段时间里，你做了你能做的事。像所有人一样，当你还年轻并正处于恋爱关系中时，你并不太了解一切。你没有得到帮助或支持，周围没有人会替你解释，你只做你能做的事。

"看看周围的女人，你会发现几乎每个人都经历了同样的事情。你只是她们中的一员，无论你有什么经验，你都很好。你可以走得更远，为自己选择最好的。"

但不幸的是，我们并没有立即做出这个决定，而是在克服十年生活的苦难，并选择不同的伙伴来表演童年留下的心理故事之后才做出。可悲的事实是，没有其他机会可以治愈我们的神经症。

我们将在此期间把建立关系的目的放在解决上述冲突上。我们会在自由和依赖之间奔波，在害怕过自己的生活和自己有责任按照自己想要的方式生活之间纠结等。我们将理想化我们的伴侣，期待他能够满足那些需求。我们会因为在伴侣身上发现父母的缺点而受到伤害：注意力不集中、僵化、冷漠、拒绝承担责任等。在大多数情况下，在这个年龄，我们仍然没有准备好看到我们和另一个人之间的差异，接受它并忍受它。这就是度过这十年青春的意义，让我们热血沸腾，但仍然非常以自我为中心。到了 30 岁，我们应该已经获得了足够多的经验，明白这在原则上是不可能的。通常我们将很快停止兴奋，伴随着一股挫败感，我们拥有了一点智慧和看到出口的能力。我们不得不走上将另一个人视为一个不同于我们的个体之路，并学习与他建立真正的关系，但这是未来的任务。

　　对于小红帽来说，第一次认真的感情不仅有可能发展成婚姻，还可能成为延续数年甚至数十年的精彩故事。很明显，并非所有事情都是简单的。价值在于人们在自己身上找到了爱和韧性，从而学会与他人共同应对困难，从一个阶段走向另一个阶段，化解了一次又一次危机。在某些方面，这是一个很好的机会——我们找到了彼此，共同努力，变得更好。当我听到这样的案例时，我由衷地钦佩甚至羡慕他们。而且我也承认，他们是少数的快乐者，他们可以为维持这些关系付出巨大的代价。他们表现出幼稚的神经症，一遍又一遍地选择彼此，一起长大。我们大多数人还没有为此做好准备，这不是因为我们有缺陷，而是因为我们需要时间和合适的条件来学习并培养相关能力。

练习

阅读以下形容词，并在你的经验中寻找这些关系。

- 危险的；

- 有用的；

- 快乐的；

- 预先定义的；

- 复杂的；

- 焦躁不安的；

- 吸引人的；

- 筋疲力尽的；

- 明亮的；

- 饱和的；

- 有趣的；

- 艰难的；

- 无情的；

- 威胁的；

- 令人愉快的。

一方面，你可能发现自己的经历相当丰富，而且你经历了不止一件事；另一方面，观察你的生活充满哪些关系。如果描述它们的形容词并不适合你，那么在这个阶段你可以想想为什么会这样。

第二十六步　把父母看作自己的搭档

"人们不仅需要一个好的伙伴，还需要一个坏的，并接受教训。"是的，为了让我们在生活中拥有一个好伙伴（伴侣），我们需要努力工作，我们可能需要多达三次糟糕的婚姻才能打败所有需要被放在伴侣身上的精神怪物。

这些怪物是我们父母的"坏的部分"，我们有一天不得不面对它们。我们肯定需要将坏事投射到某人身上并尝试重新获得魔力，以支持我们对权力的幻想，这将改变那些"对方应该以我想要的方式爱我"的人。

如果伴侣一次又一次地变坏，那么来访者有时会开始相信自己有问题。我们必须保证：一切都很好，只是里面有一些未完成的故事需要经历。

随着年龄增长，我们的力量越来越小，时间越来越少，在现实中进行"取舍"已经是费力又忘恩负义的事情了，我们必须学会在心理上完成自己的故事。认识到一些事只是我们内心的困难故事，我们希望以不同的方式与其他人结束，这是一个可取的出路。就我们如何能够和应该被爱而言，告别我们的力量是成年期的可悲现实。

通常，我们只会在接下来的十年中学会这样做。与此同时，我们被迫将希望放在伴侣身上，与他们争吵以从他们那里得到满足，然后……失望地退缩。

从成千上万甚至数百万人中，我们选择一个与我们的父母十分相似的人。例如，一个麻木不仁、冷漠的人，他在情感上会装聋作哑或装失明，无论我们如何努力，都无法将自己的感受放在一边。但一开始之所以做出这样的选择，是因为我们心中有一股冲动，也就是说，我们故意选择一个根本没有情感能力的人，并试图让他适合我们。

这个"聋哑"人正是我们经常想要敲门的亲密人，他可能是我们一直"依附"着的最重要的人（父母或前任），我们渴望向他诉说自己的感受。

这种尝试注定要失败，它是我们渴望满足"创伤性"饥饿的信号。我们正试图重新获得与他人相邻的体验。我们想体验与另一个人接触时能量的展开。并且通过另一个人的反应来发现自己和自己的情感是充足的……

由于这些未被满足的需求，我们一遍又一遍地去找一个特定的人，试图以某种方式适应一个在情感上习惯充耳不闻、对我们的感受视而不见的人。

在我们的幻想中，我们希望在他的情感反应中能一直找到自己。我们不能承认自己在这些关系中缺乏被看到和听到的潜力，否则，我们似乎失去了寻找自我和建立联系的希望。

我们无休止地进入一段新的关系：充满希望，提出要求，陷入绝望，在绝望中爬行。我们拒绝看到这个"重要人物"没有自己想法进行情感接触的现实，他用自己的理由让我们难以忍受。我们也对自己正在努力实现不可能的目标的明显信号充耳不闻，然后我们开始转移自己对这种不可能的感觉。我们越来越穷，而不是越来越富。一路上，我们看到有人曾经同样冷漠，这使我们不得不停止注意自己，一个熟悉的表演是根据之前的情景上演的，而不是使另一个结局成为可能。

我们最好立即停止徒劳的尝试和转折，但这实际上是不现实的。心灵需要所有尝试、痛苦和行动，这样我们将继续成长和发展。

因此，我们并没有浪费十年的青春。即使这种关系最终没有成功或没有任何好的结果，我们必须记住，我们根本不可能以其他方式学习，这类经历是我们生命和潜意识的需要。

练习

- 看看你的父母有哪些你不喜欢的品质。
- 定义相反的品质。
- 发现对你来说重要的，且可以在自己伴侣身上找到的东西。
- 分析你的关系：也许你总在寻找你父母的对立面，但你得到了你所逃避的……

第二十七步　在关系中看到博弈

在论述这一点时，我有必要再次说一下，你并不是唯一一个通过选择伴侣来发现自己身上尚未解决问题的人。可以这么说，那些人（伴侣）不仅仅是你曾经幼稚地选择的"受害者"，他们还会以同样的方式与你建立关系，并试图解决他们自己的内部冲突。然后你可以看到，你们互动的领域是一个完整的舞台，你们将在这个舞台上相互表演。你们和父母一样适合表演未完成的故事，你们的伴侣也一样。你们为你们的男人体现了那些对他们来说很重要的部分，他们却认为这使他们缺乏自由的潜力。例如，你很可能感觉到，你的伴侣是如何让你成为一个喜欢束缚、愤怒、残忍和冷漠的人，他为了自由不被剥夺而反抗，而实际上你根本不是这样的人，或者至少没有到那种程度。

精神分析学家是这样写的："人们结对、结婚是为了互相治愈……"人们在不知不觉中阅读其他人的观点，以应对将在人际关系中解决的主要问题。这是怎么发生的？

英国杰出的精神分析学家亨利·迪克斯（Henry Dix）在他大量研究的基础上得出结论："在进入一段关系后，一个人试图将他幼稚的部分投射到另一部分上，期望自己会成长，并以更成熟和一体的形式归还这一部分。比如'为我做决定''为我做''让我冷静'，而不是'我为自己做'。人们期望通过合作伙伴成长。"

在我的实践中，对我来说越来越明显的是一些夫妻，尤其是长期夫妻，的确是通过这种神经症的互补性联系在一起的。她，就像一个无形的、无意识的指南针，将他吸引。夫妻关系是根据与双方的两种性格相关的需求而形成的关系，他似乎是最适合她的人，她认为："只有他能给我这个……"

有时这种期望相当"天真"。在接触的过程中，你发现一模一样的期望被投射到对方身上，对方基本满足不了你。而且你不得不承认，自己实际上所期望的正是伴侣永远不会给予的。你必须要么中断关系并跑去寻找下一个似乎可靠的人；要么从你的伴侣那里消除你幼稚的需求，用你多年的生命和神经细胞来付出代价；你也可以在分手的同时成长得相当成功，学会为自己安排一切，比如赚钱、让自己平静下来等。这是分离过程中的潜意识挑战——渴望、分手，学会利用环境或创造性地以一种新的方式使用环境……

有时，你以牺牲伴侣为代价获得了满足，走得更远。在这种情况下，你的伴侣可能拒绝继续迎合你新出现的一些婴儿期的需求。有时情况反过来，你自己可以离开一个能满足婴儿期需求的伴侣，因为在旅途中，你会长大。

人们并非总是可以与为增长做出贡献的同一个合作伙伴（伴侣）保持关系。在解决了内心的矛盾后，我们仿佛从梦中醒来，用完全不同的眼光看着我们的伴侣，表演的能量消失了。他要么不再吸引我们，要么我们突然看到了他的个性，此时这与我们的神经症服务无关。如果我们仍喜欢这个人，那么就继续选择他，有时还是不会选择……

但是我们稍后会发展到这个选项。在我们玩游戏的时候，我们的伴侣可能需要我们作为一个令人生畏、爱贬低和挑剔的父母。让伴侣有一个人战斗的机会，他将经历自己的分离，完成他的内心故事。或者他可以将我们理想化，拒绝将我们视为真实的人，然后他在现实中"受伤"了。我们穿的不是自己的衣服，而是他想要我们穿的，为了认同我们伴侣的期望。出于对他的爱或对我们自己的期望，我们会努力更好地匹配他给我们的形象。毕竟，我们仍然真诚地确定这是正确的关系和真爱：努力在任何事情上都让对方满意，就像他为我所做的那样。在这些徒劳的尝试中，我们需要很长时间才会感到疲倦甚至筋疲力尽，因为对方让我们离自己越来越远，然后我们问自己"到底是为什么"。

我们将再次有机会从自己身上移除咒语和幻觉，表达真实想法，并寻找我们在这些关系中的重要性。合作伙伴可以选择我们，也可以停止选择，但是我们尽量不要让自己屈服于我们所展示的并不是真实的自己这一事实。

第二十八步 开始组装自己的身份

对我们来说，重要的是要明白，20 ~ 30 岁与其说是我们在所有重要领域取得成功的时期，不如说是为后半生打下基础的时期。在这个时期，我们作为成年人可以发挥潜力。我们还没有最终解决与父母心理分离的问题，只是在为此积累机会。我们年轻时的个性化是一个混乱的自我实现的过程，到目前为止我们还没有清楚地了解自己是谁。这段时间我们还没成为我们自己，而只是为更多地了解自己奠定了基础。我们也可以尝试不同的角色，活出不同的一面。一段时间后，我们就可以将自己发现的东西添加到我们身份的宝库中。

在 20 ~ 30 岁，我们穿了很多不属于自己的衣服。我们正在寻找那些需要像我们的人。我们倾听关于应该如何展示自己的意见，我们学习规则，我们反对这一切。有时我们认为小红帽根本不适合我们戴，或者我们已经摆脱了它，现在是时候把它扔掉了。我们试戴不同的帽子，认为既然每个人都戴着它们，那么我们也需要它们；或者出于抵抗，我们永远不会再穿红色，因为这是在家里穿的；或者我们胆怯地试穿了各种颜色的衣服，却感觉我们的红色衣服被牢牢钉住了。我们对父母很生气，因为我们根本无法脱下它并开始寻找自己的东西。这就是重点：我们尝试不同的事物，以便有可供选择的东西。如果没有理想的选择，那就接受吧。

这个时期的存在只是为了让我们找出在童年时代是什么推动着我们朝着需要的方向前进，是什么让我们放慢了脚步。一路走来，我们发现自己追求的大部分根本不是我们的目标和梦想，它让我们摆脱了父母的期望，同时带走了对我们来说真正的资源。

有这样一个美丽的表达方式是这样的：第一个千年我们"散布"在世界各地，第二个千年我们"收集"自己。20 ~ 30 岁是一个女人生命的第一个千年，我们在生活中消耗了自己。

我们带着对爱、关怀、温柔和安全的渴望，将自己分散在一个无用而寒冷的童年中。

我们将自己消耗在一个隐藏在每个人之外的青春中，并试图在同龄人中成为我们自己。

我们用恋爱和婚姻的经历来消耗自己的年轻。我们消耗了我们的感情、眼泪、健康、自然的发色、光滑的皮肤和生命。

到了 30 岁时，我们会发现自己感到困惑和迷失方向。以前，一切都是那么明显和可以理解的。现在，我们无法判断自己是谁，难道我们在通往森林的道路上必须忍受这些？

第一个十年是我们共同的道路。我们都去附近的某个地方，迷失了自己，并为此流下了眼泪。没关系。人生的起起落落就是这样被安排的，引导我们走向自己。我们开始走上个性化的道路，从完全失落走向自知。

练习

回想一下你 20 ～ 30 岁时的生活，并写下自己的故事。

以"我是一个女孩……"开头。看看纸上的结果，那会很有趣。你现在如何描述当时生活在你内心的那个人？她的主要品质是什么？那时，哪些事件对你来说意义重大？

第二十九步　学会选择

小红帽在出门的时候，还不知道吃什么好。青春期的她是杂食的，对生活的味蕾还没有发育。但是，经过后天努力，她将很容易区分灵魂的毒物和营养物，范围涵盖食物和人等。

20 ～ 30 岁是我们积极积累人际关系的年纪，我们有爱心，友好，相对中立。我们通过男人和女人来了解自己，这些与人接触的实验有时让我们付出了高昂的代价，但多年来，我们也学会了在接触中保持选择。我们需要这一切，以便有一天对自己说："别再忍受了。去喝每条河里的水，吃掉每个水果。"

我们的发展不仅源自心理生活的复杂化，还源自在追求一种

更大的可理解性。对于不要吃任何东西，不要喝酒，不要阅读，
不要交流等要求，我们出于以下理由已经忍受了很多。

- 被爱、温暖和关怀喂养；
- 获得安全，不要孤独地生活；
- 保持良好和正确；
- 不要在别人面前感到内疚和羞愧；
- 不要让父母认为我们是自私的；
- 爱。

但是，随着年龄增长，我们开始选择。我们对现实抛出的东
西进行分类，而不是照单全收。这些不是可口或者可食用的东西。
什么给我们的灵魂带来更多的快乐和满足感，我们就选择什么。

- 对我们来说最好的东西；
- 激发我们能量的活动；
- 令人兴奋的项目；
- 我们感兴趣的书；
- 和我们一样的人。

我们在写作的时候似乎很容易、简单，但在实践中，这种个
人成长所必需的选择几乎被视为对过去的背叛。

这是我们对自己的致敬——我们花费的时间、给予的注意、
兴趣、爱、热情以及我们最重要的价值。多年来，我们逐渐意识
到这些很有价值，这种选择矛盾地变成了慷慨，不是对每个人，

而是对那些重要的、有趣的、值得爱的和有价值的人。到了 30 岁的时候，小红帽已经厌倦了说教，比如森林里面已经有你不需要去的地标，最好不要和一些人一起走同一条路。我们选择的知识不能满足我们所有的需求，我们和一些人在公园玩耍，而邀请另一些人回家共进晚餐；我们喜欢一边看喜剧，一边大笑。

这很可悲，但事实是，一些选择只能出现在童话故事中。我们在关系中描绘理想父母的轮廓，希望伴侣可以满足我们的所有需求，我们还希望自己不必克服关系中的任何问题。

我们在此期间学到的，不仅向我们揭示了成年人关系中残酷的一面，比如背叛、欺骗，甚至头也不回地离开，还让我们接受了这样一个事实：我们只是数以百万计的小红帽中的一员，她们一开始不知道如何建立关系，犯下了令自己痛苦的错误。之后，她们变得更聪明了。

练习

这项任务不仅可以在 20 ~ 30 岁的时候完成，请纵观你的一生，想想你是否明确自己的选择标准：在与伴侣、朋友、父母、孩子的亲密关系中，什么适合你，什么绝对不适合你？

你有没有想过这个问题？

途中的第二个休息站

青年时期可以成为我们成年时期的美好开端。尽管小红帽完成了决定她未来生活的、非常重要的任务，但仍然没有任何痛苦和一种现在一切都需要完成的感觉，否则她的一生将飞入熔炉。青春给了我们很大的力量，为我们开辟了广阔的前景，同时我们未来还有足够多的时间，不要在虚荣和焦虑中奔波。

我们遇到了小红帽，她们害怕，"要么现在，要么永远不会"。更确切地说，这种焦虑不是她们对自己想法的反应，而是对她们从母亲、祖母和周围的人传到她们年轻头脑中的外部态度的反应。"你需要早点结婚；你需要在 25 岁之前有自己的孩子；你需要在 30 岁之前建立事业，否则所有的机会都会流失。"此外，在这段时间里，我们倾向于将自己与他人进行比较，我们要到处奔跑，处处匹配，比如拥有像某人这样的人，像某人那样的职位，像某人那样的薪水……

要知道我们只是在融入社会，学会做自己，将自己的形象和理解收集在我们身份的宝库中。在 25 岁时，我们可能真诚地认为我们对自己了如指掌，在更年轻的时候，我们对自己的独特性和对变得令人敬畏充满信心。几乎每个小红帽内心深处都认为，一个特殊的命运在等着她，而那样的人生可以被重演好几遍，因为一切都在她的手中，她仍然有着只有年轻时才会拥有的疯狂和勇气。

我们走在分离、自主、自我发现的道路上。在这十年间我们开始探索成年女性气质的领地。在很长一段时间内，我们只能通过以下方式获取经验：

- 女性生活中的各种事件；

- 命运的挑战；

- 生活的危机以及我们如何克服了它们。

正是这一切让我们感觉自己像成年女性，对他人很有价值。我们将学会尊重自己，摒弃必须满足的不恰当标准。这种对自己价值的自信，将赋予我们真正的女性力量。

- 唤醒我们内心的睡美人；

- 美化我们内心深处远离了人们视线的丑小鸭；

- 让我们不再需要为强硬的莫罗兹科服务，摆脱不断被"关押"的义务；

- 使我们心中的灰姑娘免于被冷酷邪恶的继母羞辱；

- 向此前沉默的小美人鱼发出坚定的呼唤。

当然，这也唤醒了小红帽的成年灵魂。从现在开始，你可以对自己说两句重要的话，如"做我自己感觉很好"和"这样令我感觉很好"。

我们将通过探索成年阶段进一步完成我们的女性探索，在这个阶段，我们所有的特征都将被展示。

——— ◇ 第五章 ◇ ———
第二次危机
30 ~ 40 岁：寻找自由，与现实和解

确定十年的路线

> 要了解生活，就必须生活。
> 不要保护自己免受冲突，
> 不要害怕危险和冒险，
> 不要寻找更简单的方法，
> 不要逃避责任，
> 不要认为你的小屋将被摧毁，
> 时代的风不会刮向你。

这十年的一切都与成功和在生活中找到自己的位置息息相关，我们正直奔"介于二者之间的时间"。在 30 ~ 40 岁时，我们愈发发现自己的一些雄心勃勃的人生计划注定是无法实现的。仿佛昨天小红帽还梦想成为一家国际公司的总裁，而今天她正伤心地坐在厨房，等待着一个不该属于自己的男人。小红帽发现自己在成

年的门槛上，对自己应该成为什么样的人提出了同样的要求，但一个非常可悲的事实是，许多机会已经流逝，并将一去不复返。

现在是时候告别我们的自恋幻想了："我一定要成为伟大的 / 世界闻名的 / 受欢迎的 / 超级成功的……"我们应该与现实相遇，通过努力取得实际成就。我们积极地掌握了青年时代的十年，这十年的经历可能会变成引发抑郁的背景。我们昨天精力充沛，今天生活却在向反方向招手，我们在不同的尝试中奔波，犯了错误，取得了成果，或者没有取得成果。我们在失败后站起来，跑得更远。很可能，我们有很多抱负和梦想，同时也有一些恐惧和累积的失望，而现在我们已经跨过了 30 岁的里程碑……

我们明白，我们"取得了成功"，但还没有取得重要的成就。老实说，有时在我们看来，我们无法再实现它。

我们也经历过痛苦、分离、欺骗和不公正对待。有时，我们开始觉得自己真的有问题。

我们看到，无论如何努力，我们都完全无法接近某些东西。好吧，这里一切都很清楚：我们确信自己有问题。

在 30 ~ 40 岁，我们对以前的目标和愿望感到失望，而这些目标和愿望实际上根本不是我们的。我们对自己和我们的能力感到失望，我们对一个实际上更加冷漠和愤世嫉俗的世界感到失望。这样的世界像一个恶棍一样，拒绝用掌声和红地毯与我们见面。

在 30 岁的门槛上，小红帽已经可以被称为小红帽，因为她已迈入成年阶段，有时她会发现自己轻度抑郁。因为那个最好的，独一无二的，非凡的，美丽的，配得上她的人从未出现过。奇迹已经过去，小红帽要过着几乎和大多数人一样的生活。在她看来，青春快要过去了，一些重要的东西她似乎仍然未找到。她悲伤地看着手中的结果，本就脆弱的自尊心受到打击。她更是将自己与他人进行比较，并找到许多对自己不满意的理由。她越来越想对自己说：

"我已经30岁了。好像昨天才脱掉纸尿裤，今天更年期就要到了。所以呢？在尿布和更年期之间，我显然出了问题。我梦想的生活在哪里？而且，我该有的生活在哪里？"

如此不知不觉，但很明显，我们没有成为总统或芭蕾舞演员，没有成为医生、女商人，甚至当地知名的女明星，没有成为最好的母亲，也没有成为一个好妻子。离婚不应该发生在我们身上，为什么它会出现在我们的生活中……

我认为自己善良和充满爱心的牢固关系在哪里？我的王子在哪里？在我的脚下，每天都可以体会的快乐时光在哪里？

为什么我需要红色文凭、博士论文和蓝眼睛？为什么在尿布和更年期之间，我的生活仿佛没有发生，就好像有人答应将给你糖果，让你为自己努力，然后你又发现这完全是一个谎言？

在30～40岁，这种自恋导致的抱怨心理经常占据我们。我们害怕错过每个机会，开始陷入焦虑，为我们出了问题而感到羞愧，并反思为什么美好的生活还没有发生。

在这里，重要的是我们要用内心成熟的手轻轻拍打自己的脸颊，然后对自己说："首先，在某个地方，没有发生过的生活确实正运转着，但后来事情发生了，我们必须寻找其中的价值和好处。

其次，更年期是可怕的。但是如果从假定的（但不可避免的）死亡的角度来看，那么我们仍然可以活着。我们可能不会成为总统和芭蕾舞演员，但是应保持清醒并与自己的欲望保持联系，而不是用'谁更酷'的儿童游戏折磨自己。"

亲爱的小红帽，我们将在这段时间内基本解决这个冲突。它在我们体内燃烧并消耗着大量能量。随着生命时间的展开，我们意识到我们的可能性是有限的。我们不能轻易接受这一点，我们为自己所经历的时期打分，我们看到我们没有做到完美，我们攻击自己，坚持认为一切都需要执行，否则将为时已晚。我们不自觉地衡量着自己，认为40岁之前是我们遇到真爱的最后机会，我们应建立一个好的家庭，生下孩子，还应找到自己，学会爱自己等。

我称之为自恋冲突的时期，它在两个活跃的极端之间展开，即"我应该成为什么"和"我还没有取得任何成就"之间。突然强烈的自我怀疑往往会加剧这种情况，我们意识到自己没有成为幻想中应该成为的样子，这会使我们丧失信心。我们经常积累被所爱的人和对我们重要的人拒绝的经历。我们被解雇了，或者我们自己失望地离开了。我们突然开始看到自己在年轻时做了多少错误的选择，我们为此受到驱使，这是对自我的有针对性的自恋伤害。事实证明，世界并不像我们想象和希望的那样偏袒我们。

在此期间，我们很难站在自己这一边，对自己保持谨慎并说："你知道，亲爱的，每个人都是这样。这是一个反复试验的时期，未来还有更多的机会，而现在不是攻击自己的时候。"而对于一个重要的问题：如何适应社会及明确自己的真实身份，我们不再困惑，这是外部搜索向内移动的时间，社会同化的能量被释放。我们只是厌倦了不做自己或者不过自己的生活。我们将不得不要求所有围攻的人散去，我们将学会设定界限并放弃他人的期望。我们会走出自己的人生道路，走在路上，不顾及别人的看法。

自理、尊重、宽恕过去的错误行为，总的来说，这是我们从自恋地投入人类世界到认清现实的过渡阶段。我们将逐渐走向那些能够将人们视为不同的、独立的、有趣的个体的人，而不是注定要为我们的生活和神经症服务的人，我们将继续学习爱。

因此，我们几乎在整个成年期都沿着这条道路来回走动，并试图调和以下矛盾：

- 我们年轻时的野心与现实之间的矛盾；
- 我们对自己的期望与我们的个性特征之间的矛盾；
- 我们对自己的要求以及我们客观拥有的能力、机会和限制之间的矛盾；
- 幻想中的世界与我们对它的各种发现之间的矛盾。

练习

美国教育家、企业家蒂娜·齐莉格（Tina Seelig）描述了一种可以帮助人们热情工作，以获得成功的技术。

"我经常要求学生写一份关于失败的总结，也就是说，写一份指出他们犯过的最大错误的文件——个人的、专业的或科学的。对于每次失败，他们都应该注意经验教会了他们什么。试想一下，这项任务会让那些习惯谈论自己成就的学生感到惊讶。然而，工作结束后，他们又将明白，正是对失败的理解帮助了他们应对正不断犯下的错误。事实上，至今我的许多学生仍在坚持更新他们对失败的总结，以及对成功的传统总结。"

坚持并始终如一地完成这项任务非常有用。回顾你过去的十年，并向自己承认你可能犯过的错误。首先，它们对这项练习很重要；其次，将来你会明白，任何错误都不是你攻击自己的理由，你的任务是找出它是如何发生的，得出结论并将其放入你成年人经历的篮子中。也许，你在内心深处会依赖自己认为多余的东西。

第三十步　把理想和完美从生活中赶出去

与不完美共存的能力，
给了我们更多的选择。
它有助于我们更爱自己，
不会经常感到羞耻，
这会带来更诚实的生活和
更深刻的关系。

完美主义是一个笼子，

我们的幸福被锁在其中。

过去的时期是小红帽掌握不同角色的时期。她第一次成为成年女性、妻子、伴侣、同事，甚至可能是母亲。像我们所有人一样，她学会了扮演这些角色，练习、犯错误并在其中感到不同。第一次，她不可能完美地演奏一切。是的，这是不可能的。但小红帽还不知道这件事，她痛苦地用额头敲打着她曾经不知从何处吸收的想法，思考她应该是什么样的。

我还没有见过一个单身女性对自己无法成为一个好妻子、好母亲或"普通女人"的事实漠不关心。她们要求自己与每个化身中的理想形象相对应，但是，到了 30 岁还没有实现这一目标的失望严重损害了她们的自尊心。

这个假设的"普通女人"不仅仅是一个理想，还是理想的立方。所有女人的梦想被所有母亲和男人的信息所强化："你终于成为一个正常的女人！"似乎这些"普通女人"就存在于某个地方，关于她们身份的知识被大部分家庭口口相传，并且学校里有专门的课程。男孩被告知如何寻找"普通女人"，女孩们被教导要让自己成为一个"普通女人"。然后，他们余生继续在圈子中传播这类神圣的知识。

而在圣洁美丽的"普通女人"形象的枷锁下，小红帽简单、活泼、多样的生活是如此艰难。当最华丽的、最聪明的、最美丽的女人从我们面前经过时，我们真诚地认为这还不够。的确，与

"普通女人"相比，这些都不值一提，和她比起来，永远都不够。"普通女人"可以是圣人、好母亲、高收入人士、好朋友、可爱的女儿、公寓的女主人和米其林烹饪专家。一般来说，这是一个无法被实现的矛盾梦想。

当然，"普通女人"总是对男人有好处的。她是被选中的，不是被拒绝的，她总是受欢迎的。男人们不会欺骗她，也不会与她离婚。在这里我想说，他们当然爱她，他们总是照顾她……但是她不存在。

就像对成为"美丽的妻子"的幻想带着我们从童年中走出来一样。我们可能被父母的经历压得喘不过气来，尤其是对于母亲，我们想证明，"我一定会有一个不同的丈夫，我会是一个完全不同的妻子，不像你"。当然，这个想法也是由成年人关系都很简单的童话故事推动的。最重要的是人们彼此相爱——一切都会自然而然地解决，我们将能够一起度过一生，拥有"美丽的妻子"这一令人骄傲的称号。

我们最终对自己有哪些了解？散落的袜子、裸露的牙膏或洒落的糖会让美丽的我们成为邪恶的女人。好吧，出于愤怒、嫉妒，我们可能被其他冒犯了我们的女孩拉到水面的浅滩，这与我们为自己画的"我永远不会在这里"的幸福形象相去甚远。在所有反应中，我们都变成了普通的、活生生的女人。感谢这一切！如果我们开始束缚自己，渴望与我们所画的图画相匹配，那么我们就会成为经典的"草原莽汉之妻"。不管发生什么，我们都挺直腰板站了起来，拉直了裙子，仿佛什么都明白了……

　　或者我们有成为"好母亲"的想法。这个角色现在背负着如此多的职责和如此难以承担的责任，以至于我认识的许多年轻女性都在有意识地拒绝尝试。

・她自己必须永远稳定、沉着和快乐，为了不伤害孩子并处理自己的伤势。

・她必须是受过儿童和发展心理学培训的专家。

・她必须始终在觉知中，同时善良。

・她必须为孩子做出非常好的榜样，这项任务贯穿她的一生，比如与丈夫维持良好的关系。

・她必须为孩子选择一个理想的父亲。

・从现在开始，她不能过自己的生活，因为那样会伤害孩子。母亲的自由生活将导致一种不良的依恋，这是对孩子心灵的威胁。

　　好吧，还有十几个难以描述的要求。这些要求存在于许多女性无意识的戒律中，难怪她们中很少有人愿意为了生孩子而走这么远。

　　如果关于"普通女人"的幻想可以被揭穿，那么人们就不会为了成为好母亲而做任何事情。女性是如此渴望以母亲的角色来确认她们的自尊，她们想做得很好，以至于她们尊重了所有态度，而没有进行任何批判性反思。有一种观点认为，女性从出生就喜欢做母亲，或者她们应该知道如何正确地做母亲，但事实并非如此。如果我们摆脱对"好母亲"的迷恋，那么我们就会变得不完美，但我们会更舒服地生活。

- 这意味着你爱你的孩子，但有时会生气，这视情况而定。
- 和孩子在一起，但想要毫无愧疚地摆脱这种联系。
- 珍惜与孩子在一起的时间。
- 和孩子一起练习，但要让自己感到疲倦。
- 承担了很多责任，但最终想摆脱它们。
- 认识到孩子依赖我们的事实，会感到生气和悲伤，但知道想摆脱他们现在是不可能的。

还没有人能成为一名理想的母亲。在我看到的一些育儿故事中，有的母亲最初想培养快乐的孩子，但在养育过程中演变成孩子患有成瘾问题，因为孩子不可能把一个"完美的母亲"送走。孩子要么必须不断地表明他欠母亲的比给的多，要么沉迷于一切，以摆脱母亲。

顺便说一下，你可能根本不想当母亲，这并不会让你成为一个不正常的女人。或者你（从社会的角度来看通常是恐怖的）在自己身上找不到对孩子的爱。有人知道如何爱孩子，有人却无法表现出来，尽管孩子已经感受到了爱。在我的工作实践中，我听到了不同的女性故事，有人找到了力量和勇气来谈论自己不可能百分之百爱她们的孩子，而我总是惊叹她们在这个困难时期的勇气，这需要她们有勇气去反对很多事情。她们正在受苦，或者只是为了争取不做她们不能或觉得不需要做的事情的权利。我总是非常关注她们的立场，可以想象她们必须忍受多少外部和内部的谴责。毕竟，这是一个难以合法化且非常可耻的话题。在这一切中保持正常是非常困难的……

练习

　　这是我最喜欢和最简单的练习之一，你将不得不抓住自己不正常的信念，比如对你所扮演的任何角色感到不满意，写下你脑海中的所有信念。

　　• 作为母亲、妻子、女朋友，我本应该更好地应对……因为……

　　• 我没能做到，因为（愚蠢、虚弱、糟糕等）。

　　• 如果我在这个时期没有扮好一些角色，那么我通常是一个失败者，因为……

　　• 如果我没有处理好某事，那我就很糟糕，因为……

　　• 如果我在这些角色中犯了很多错误，那么我肯定不会在这些角色中获得乐趣，因为……

　　• 如果这期间我没有取得任何对我来说重要的成果，那么欣赏它是没有意义的，因为……

　　• 如果我不要求自己在我生命中的每刻都在这些角色中取得好成绩，那么我将是一个无足轻重的人，因为……

　　• 如果我在这期间没有擅长某件事，那么即使我在这些角色中感觉很好，一切也是徒劳的，因为……

我们可以寻找这种有害的信念，把它们写出来。看看并知道这些想法是从哪里来的，以及如何使其不再干扰我们的生活。

第三十一步　厌倦了匹配，寻找个性

> 无论你的注意力在哪里，
> 出口都在等待着。
> 你只需要移开视线，
> 放下对"你自己"的要求，
> 发现生命的奇迹。

当一个 30 多岁的女人说她几乎在所有的领域都有问题时，那么她的意思不仅仅是她生活中存在一些空白，她也可能什么都做不了……

她谈到了自己的空虚，谈到了无法达到自己想达到的程度。例如，她不能完全活出与母亲身份、职业成就、婚姻等相关的那部分，她为灵魂和心灵部分的空虚而痛苦，这些使她内心不安，使她无法以任何方式成为她自己。

她经常活在现实中，把那部分隐藏在她的心里面，它们是没有生命的，被世界禁止或不被要求的。她辛勤工作，试图让那部分复活，并赋予它们权利，或者让自己活在它们身上。她还感到一种强烈的痛苦，这就是一个女人由于客观现实，不能活出她自我的某些部分，她被迫接受了这一点，同时意识到这并不会使她自卑。是的。她没有被赋予经验和依附于自己的东西，但她的自我在其他部分和可能性中是丰富的。而现在，在过了30岁之后，这些原来几乎听不见的声音变得越来越清晰。

例如，在这些关系中，她会看到她的自由、情感、激情等已经在不知不觉中完全消失了，她突然发现自己与"进入"这段关系的人完全不同。她不明白这是如何发生的以及是何时选择的。

在某个时候，她开始觉得自己是一个影子。而且，她只是偶然发现了被遗忘的部分，她痛苦地哭了起来。她渴望曾经拥有的真实与自然，这些特质正在与用她的自由、快乐、情感、对生活的热情和潜力做某些事的男人的关系中缩水。当然，更准确地说，她自己在这些关系中也做了一些事情。

她可能会惊讶地发现自己筋疲力尽且压力过大，因为她做了很多并没有真正给她带来快乐的事情。她已经奔跑并取得了成就，她应对并扮演了许多角色。但在她40岁时，她可能感到沮丧。她不明白现在该跑到哪里去，向谁证明什么。我们很少有人能体会到这种疲劳和不满。毕竟，有时这意味着我们所做的一切和投资的内容都不对。但事实上，这些情绪是引导者，也许它们让我们有生以来第一次有意识地走向自我。它们对我们耳语，是时候离开我们已经适应的东西了。

我们试图从外部获得的对真理的追求，正越来越多地向我们的内部移动。

我们不再关注别人对自己的看法，这在青年阶段很重要，而是越来越开始重视自己并相信自己。

我们没有满足其他人的要求，而是找到了自己的标准，我们必须同意这些标准。

在 30 ~ 40 岁，小红帽突然发现自己所知道的一切都变得无关紧要。昨天她想做一个优秀、正确、聪明和自信的人。她一直都是这样，在生活的各个方面都把自己拉进这些标准，比如想做一个好妻子、一个合格的母亲和一个独立的女儿。她也由衷地确信这样的人是存在的。在 30 岁以后，情况往往不是这样。她惊讶、困惑和恐惧地看到自己身上的其他部分。生活告诉她，她很脆弱，她否认并感到害怕，她的身体中住着一个颤抖的婴儿。事实证明，她也是一个讨厌的妻子，无法忍受以某种方式与丈夫在一起。她对自己的"邪恶"部分感到恐惧和羞愧，在与孩子的相处中渐渐醒来，并发现自己根本不符合理想母亲的形象。

小红帽在年轻的时候，一直在和她的父母、周围人、社会和一些态度作斗争，这自然阻碍了她的自由和快乐。而她自己也知道，自己是直率的、有原则的、勇敢的和主动的。在 30 岁之后，她突然发现，一切都不是那么简单。为了敢于当面、如实地向大家倾诉，小红帽学会了表现她的不同部分，这些都是她以前不允许自己表现出来的。

反之亦然。小红帽一生都认为自己软弱、依赖和被动。但对经验的搬用和对现实的依赖让她认识到，在必要时，她也可以坚强、固执和坚持，而那也是她自己。

　　一般来说，在 30 ～ 40 岁时，我们对人生经历的理解和同化能力已经比较强了，我们已经可以努力发现我们的独特性。我们不再自恋地与他人比较，比如"我是独一无二的"，"我有几百万元"，而是对身份进行复杂组合，身份中的一个自我表现就像一个万花筒，只有我们拥有它。我们已经可以处理不同的自我、复杂的自我和非常模糊的自我，能够接受我们是谁，而无须进行消耗性斗争和无休止的战争。我们学会以不同的表现形式爱自己。这是我们可能从未感受过的爱，但我们是如此渴望它……

　　在这个阶段，我们不仅要了解真实的自我，而且要在外面展示它，这变得至关重要。首先，我们在两极之间奔波，试图成为其中一个或另一个。然后我们从外部学习，在内部对自己诚实。并根据情况与人相处，而不是像被教导的那样。逐渐地，我们掌握了我们的所有部分和自我的多样性，并学会选择最合适的反应。自我认知的进步使我们扩大了人生的边界，可以针对特定情况选择自发或克制，这给了人更多的自由和满足感。

　　"最重要的是让自己成为自己。如果你与众不同那么会更好，保护你做自己的权利。

　　"允许自己思考一个人的想法，而不是思考另一个人会怎么想。你想到了就说，没有想到就保持沉默，你有权授予自己此权限。

　　"允许你在必要的时候感受自己的感受。"

　　寻找做自己的自由，保持真实而不同，这是这一时期的任务。我们需要明白，我们只是在学习，我们在这方面取得了不同程度的成功。

练习

当我在我的团队和来访者中处理身份主题时，我惊讶地发现我们对自我的理解在很大程度上取决于我们讲述的自己的故事。反之亦然。现在让我用一个例子来解释。

小红帽认为自己很坚强。她记得生活中的许多情况，她的这些品质也都得到了体现。如果你问，"请讲述一些最能代表你的故事"，那么她的记忆会奇迹般地选择能证明她的力量和耐心的案例，即使问题中没有提到这一点。因此，我们对自己是谁的信念集中在能证实某一点的个人历史事件上。反之亦然，在整个生命体验链中，我们所做出的重大事件正是那些向我们证实自己是谁的事件，它们反映了我们对自己是谁的理解。

任务如下：

选择对你来说至关重要的品质或性格特征，并定义你的生活方式，你对自己的了解，你认为重要的或适合自己的东西。

目前，你选择的人格特征将是直观的、最能描述你的记忆中的关键词。

然后，在记忆的浪潮中平静地"摇摆"，试着从过去的案例中挑选一个最能体现你所选择的特征。

很快，你将记住其中一个事件以及许多其他事件，你将从中选择最重要的事件。

你可以看到，生活是由一系列事件组成的，你通过这些事件以某种方式确认自己，然后做出下一个努力，找出相反的品质，并在你的经历中找到也曾发生过的情况。例如，起初你将自己定义为一个坚强而独立的女性，并发现一个能最清楚地表明这一点的情况（很可能是当你被迫变得如此强大和独立以应对某事时）。多亏了这些定义，你做到了。

在你的生活中找到你曾经做过的事情。尝试为你的身份增添多样性，让自己不像过去所认为的那样单一。

第三十二步　不再等待被看到或被给予成为女性的权利

碰巧的是，尽管积累了经验，取得了各种各样的成就，此时的小红帽仍然不认为自己是女人，甚至认为自己是男人。这听起来很奇怪，但很常见。

事实证明，小红帽完全不确定她是一个什么样的女人。她在三棵熟悉的松树之间徘徊，"我对自己不感兴趣 / 不重要""人们对我是谁不感兴趣"以及"为了让人们感兴趣，我需要向他们展示一些出色的东西"。她走不出来，在她看来，要想成为某个人，就需要得到外界的许可。自我决定和内心深处接触他人的冲动仍然受到对拒绝、羞耻感的恐惧的阻碍。

大多数情况下，这是习惯了孤独的结果。当没有共同存在的体验时，附近有了另一个人的事件，然后，另一个人的兴趣被视为生活中一个令人难以置信的例外。并且我们有一个深刻的信念，自己需要升级到更好的版本，甚至可以不是自己，而是另一个更完美的女人，以便值得在所有人心里占有一席之地。

有一天，我让小组中的参与者进行了一场实验：让她们写下她们想回答的问题，并想想应该如何回答这个问题——"我希望人们问我……"

事实证明，人们希望被看到并都想有人告诉自己什么对她们来说很重要！

女性想要被问到的问题（我在个人同意的情况下引用）如下。

- 对你来说在一段感情里最重要的是什么？
- 你愿意为什么样的关系而奋斗、努力？
- 你要离开什么关系？
- 在你生命中最黑暗的时刻，你对自己说什么？
- 你是如何应对危机的？
- 你的生活是什么滋味的？
- 你改变的秘诀是什么？
- 你在寻找什么？
- 你怎么冷静下来？
- 你怎么把自己带回来？
- 如果你还有另外三种人生，你希望如何度过它们？

- 对你来说什么是亲密？

- 你现在为什么哭？

- 你对未来几年或者今年夏天有什么计划？

- 你现在的兴趣在哪里，在什么领域？

- 什么目标或梦想正驱使着你？

- 你的灵魂想要什么？

- 你在争取什么？

- 为什么人们会和你分享他们的秘密？

- 你最喜欢做什么，什么让你着迷？

- 你被什么激励了？

- 你是如何决定上学的，如何将家庭生活、孩子、朋友与上学结合起来的？

- 你如何享受生活并从中获得尽可能多的东西？

- 你与谁，如何以及为什么坠入爱河？

- 你最后一次坠入爱河是什么时候？

- 为什么你身边会聚集如此多不同且特别的人？

- 你是如何注意到周围的美景的？

- 你有什么好怕的？

- 如果可以选择，你会和谁约会？

- 你需要什么样的男人？

- 你把你内心好奇的孩子关在哪里了？

- 你有什么可羞耻的？

- 你梦想过什么，你现在的梦想是什么？

- 为什么有时你感到虚弱？

- 你在喧嚣中逃避什么？当你爱的时候，你的内心是如何歌唱的？

以上问题可以解释我们的自我是如何被创造出来的。当我们审视自己并负责理解那里有什么以及我们要想向人们展示什么时，试试这个练习，你将看到这样的焦点是如何发生很大变化的。当注意力从外部转移到中心时，你将更能看清自己。

于是，小红帽不得不放弃又一个大幻想，即依靠世界、社会、父母……总之，没有人有义务赋予她主观性。她必须自己走完这条路，从她把自己当作一个客体开始，到她觉得自己是一个独立个体为止。

- 她决定了她自己的人生轨迹。

- 她能够为自己的发展和活动设定目标。

- 她非常了解自己的愿望、需要、机会和局限性。

第三十三步 在其他成年人中实现自己的成年仪式

这一时期的下一条道路是在其他成年人中实现自己的成年仪式。我知道这对于一个 30 岁的女人来说可能听起来很荒谬，但事实上，直到 30 岁，我们也并未真正成年。我们假装并非常努力地尝试，以便没有人注意到这一点。是的，我们内心的冒名顶替者还没有那么活跃。随着能力增加，我们也积累了关于世界的一些多样化的知识，以至于我们几乎对所有事情都感到不安。是的，30 岁的我们可以非常独立，积极探索自己的生活，做大事，做出重要的决定，但不能像其他成熟女性那样与成年男子交往，或者完全不受父母、家庭的影响。

一定还会有失败的地方，即使我们如此自信、天真地评价了自己。我们还没有解决主要内部矛盾，在心理上还没有完全脱离家庭，没有积累足够的人际交往经验。

在之前的整个时期里，我们只是在为此作准备，积累必要的经验，我们的心理逐渐成熟。到了 30 岁之后，如果在这段时间我们顺利完成与年龄相关的任务，那么所有不能顺利进行的事情都会得到解决。我们能够自信地进入自己的人生阶段，而无须向任何人证明什么，只是越来越认清自己。"进展顺利"并不意味着我们在所有方面都取得了成功，或许经历了过错、离别等，但我们获得了经验。一个女孩被带出梦想的国度，那里所有的爱情都以婚礼结束，所有结婚的人都过上了幸福的生活。如果我们活得充实，我们尽自己所能掌握了重要关系，即与他人、职业和家庭的关系，那么我们就可以认为自己的青年期是成功的，我们已经了解了生活。而现在，在 30 岁之后，是时候整理这一切了。

小红帽开始在她的生活日记中写下她是如何度过青春的，并将现实与那些从未发生过的幻想相比。这无助于成年，但可以回答她婴儿期对自己的要求。重要的是，她要明白作为一名成年女性，她并非在所有方面都能成功和完美。当她失去爱时，她将不得不审视自己的灵魂，看看她是如何长大成人的。同样的经历还有和男朋友分手，和父母吵架，为自己辩护，在工作中对抗屈辱……

从 30 岁开始，选择结果的不可预测性、复杂性将越来越大，这对我们的身份至关重要！我们从充满不愉快的爱、离别、背叛、失败的青春中学到的主要教训之一，就是要看到主要的事情。这一切都发生在我们身上，但我们活了下来。即使亲人离开，我们也待在家里；就算爱情结束了，我们也待在家里，似乎一切都崩溃了。

"在旅途中，女人超越了舒适的界限，通过了考验。这是一个卓有成效的时期。冒险充满恐惧、眼泪和创伤。在女人的童年和青春期，她塑造自己以适应父母、老师和朋友期望她扮演的角色。为了超越他们，她必须逃离自己舒适的伊甸园，杀死令她成瘾和自我怀疑的怪兽。这是一段危险的旅程。"[1]

这 10 年来，小红帽将与她的灵魂对话。如果她最后能说"是的，我知道我是谁，我赋予自己这样的权利"，那么她将能与其他成年人相提并论，她将能够敢于直视对方的眼睛，并与其平等共处。

成为一个成年女性就是给自己一个与他人相邻的、有价值的位置，不考虑完美和不完美、错误和糟糕的经历、可耻的行为以及和自己与他人不同的部分。这意味着我们在建立关系的同时忠

---

[1] 出自《女英雄之旅》。——作者注

于自己并尊重他人；这意味着让我们的心理景观掌握一切并开展自我观察，以及学习如何在社会中以各种方式表达自己。

因此，我们需要搬运各种生活经历，将它们同化，并在自己应对难题时获得对自己的尊重。基于此，我们获得了成熟的知识。"我是大人了"，我们感受着，自言自语道，"多好，也多难过"。

顺便说一句，这并不能阻止我们有时感到困惑、犯傻、犯错、愤怒、羞愧或者变成另外一种样子。当我们把一切放在一个篮子里时，我们可能已经是另外一个人了……

练习

在其中一个主题小组中，我提出了以下任务：参与者思考哪些行为是真正的成年人该有的。当然，起初答案几乎是一致的："既然一些行为不理想，也没有导致理想的结果（使人立即领先），那么我们便不能认为它们是成年人行为。"我继续询问她们，如何理解她们成年后评估的生活中的行为、选择和决定。

事实证明，我们将包含几个组成部分的行为评估为真正的成年人行为。

• 它们代表了我们自己的愿望和表达；

• 它们代表我们个人对结果负责，风险自负；

• 它们体现了我们的毅力、意志、激情和其他的非常多样化的感受。当我们想停止选择生活中的某些事情时，我们可以出于兴趣、兴奋、爱，也可以出于恐惧、焦虑、疲劳、紧张来做这种选择。

也就是说，成年期是我们冒险选择自己的阶段，无论后果如何，我们知道我们可以应付并忍受一些事。

找到 2 ~ 5 件你认为代表你真正成熟的事情，你可以对自己说："是的，我真的站在了自己这边。我做了对我来说重要的事情，并对结果负责。"

第三十四步　停止对自己的暴力，用紧张拥抱爱，用爱拥抱紧张

随着自恋冲突被逐步解决和这 10 年向成年人世界的全面过渡，我们面临另一项重要任务。

小红帽在自己应该成为的样子上徘徊了很久。她曾经严厉甚至残忍地对待自己。毕竟，她坚信没有其他方法可以取得成功，也无法让美好的生活离自己更近。她对自己越严格，进步的机会就越大。她的内心没有其他人，她只能做到这一点。

但时不时地，小红帽闯入另一个极点，那里的一切都被安排得很好，在那里一切皆有可能，她无须紧张。例如，她会执行最严格的饮食方式，以特别残忍的方式将自己饿死。但在另一个极点，她说："好吧，你能做多少？"她允许自己吃下一切，包

括面包和蛋糕；或者一开始她在工作中焦虑，然后开始拖延和懒惰。

是的，这是两个极端。昨天我们苛待自己，已经到了使自己饥饿的地步，或者身处早已失去作用的关系中，却仍时刻维持它们。今天我们跳入无条件自爱的圈套，"以前把一切都搞砸了"，"必须爱自己"，"压力是对自己的暴力"，并解开了昨天的所有羁绊。

调和这两种潮流需要很长时间，我们变得更加成熟和健康，并且已经能够平等地对待爱和紧张。

在与幼儿交流时这至关重要。不仅爱很重要，我们施加在他们身上的压力也很重要。在孩子的每次危机中，父母都在寻找更多的储备。即使在他们看来，他们只能给予爱，他们否认孩子也需要压力。

女性通常渴望给自己无条件的爱，以摆脱所有的紧张。这是一个受过创伤的孩子的秘密幻想："长大后，我会爱自己！总的来说，我不会强迫自己去做我不想做的事情。"然后她惊讶地发现自己可能患有抑郁症。

或者她完全从虐待狂的角度对待自己，以纯粹的紧张来激励自己，想着"振作起来"，"我什么都不是"或"如果我放松，我将永远不会振作起来"等。

能够在这种情况下找到平衡是非常重要的。我们可以随时随地用紧张拥抱爱，用爱拥抱紧张，我们应该尽快练习这项技能。

第三十五步　摆脱父母的期望，选择自己的道路

在成年的那段时间，小红帽必须走到路的尽头，完成与父母的心理分离，得到一份非常珍贵的礼物：自主权。在找到自主权之后，她将能够感觉到自己不仅是一个成年人，可以应对生活的挑战了，而且是一个真正自由、完整和有价值的女人了。她拥有自己的生活和整个世界，她现在可以随心所欲地"使用"这一权利了。

我发誓这是我最后一次谈论分离的话题，否则，小红帽看起来除了这项任务已经无事可做。当然有其他任务，但那在很大程度上取决于她的决定。在我们进入这个问题的最深处之前，我将说一些题外话。

很久以前，在一个童话般的村庄里，住着一个女孩，就叫她小红帽吧。这一次，她是村长的女儿。每个人，包括她的父母，都期望她快长大，成为最漂亮、最聪明的人。那个村子里有一个习俗，当一个女孩长大后，她会去森林里杀死那里的狼，然后她会在那片森林里找到最长的棍子，用棍子把狼的头骨带回来。嗯，村子里有如此残酷的习俗。女孩若想成为一个女人，需要去森林里，从狼的嘴里拯救自己并打败它。

年复一年，小红帽让父母十分失望。她并没有成为最漂亮的，也没有成为最大胆的，而且时间到了，她仍拒绝进入森林。父母摇头："唉，我们这么棒的父母，怎么会有这样的女儿？为什么要让我们也来做这个测试呢？"

与此同时，女孩并没有放弃。她一次又一次地看着其他年轻女孩走进森林，又从那里回来，她坚定地对自己说："总有一天，我会去那里杀死狼。我会把它的头颅带到村子里，成为父母的好女儿。"

"你不是狼群的杀手"，她的母亲悲伤地摇着头告诉她，并且打趣道，"我每次都以为自己抱错了女儿。"小红帽在夜里哭了起来。

随着时间的推移，小红帽仍然梦想着杀死狼，因为她没有其他方法可以成为所在村庄的正常女性之一。多个世纪以来，人们一直在以这种方式挖掘成年人的价值：只有杀死狼才有权认为自己是其中一员。

最后，村子里安排了一场庄严的活动。

"今天我的女儿要去森林。她将成为我们中的一员。"村长的妻子说。她召集了大家，看看女儿如何为她的竞选作准备。

小红帽离开了，开启了长时间的旅行。她回来时没有带任何棍子，更不用说狼头骨了。她说她不能杀狼，因为狼还活着，也能感受一切。

她的家人抛弃了她，她的朋友转身离开。在那些要求她必须证明自己可以的人中，她不再占有一席之地。如果她学会了如何杀死狼，正如她家里的其他人那样，成为正常女性中的一员，并证明她对他们来说是正常的，她就会长大。但当女孩拒绝这样做时，她将获得真正的独立和自由，她走上了自己的路，决定驯服活生生的狼。她变成了自己，成为自己的常态。

学习杀死狼就是学习如何成为一名成年人，驯服狼则代表一个人独特灵魂的自我表达：矛盾的耻辱、被驱逐恐惧、与所有人作对的恐惧，最重要的是如何面对失望的父母。也许，父母会一直认为她是一个叛徒。个性化需要我们有勇气，所以我们在 30 岁之前往往无法完成这项任务。此外，我们还没有积累足够的精神力量。是的，我们仍然不了解自己到底想表达什么，我们虽然不完全与家庭制度融合，但是也不完全反对它。

- 我们必须明白自己无须完美地与他人匹配，并认清自己是谁。

- 我们必须做了解自己的工作，以便清楚我们可以表达什么。

- 我们必须将自己视为成年人，掌握自己的经历和人生道路，这样才有能力管理生活。

然后我们内心的小红帽理所当然地穿上了她的红袍，抚平皱纹，甩掉在漫长而艰难的旅程中粘在衣服上的所有污垢。她环顾四周，寻找可以接受她的人，加入他们，在那里她将带着与以前完全不同的感受……

练习

以下任务将包含三个动作。

首先，写下你认为自己应该成为什么样的人，并从父母、伴侣、孩子、老板等角度写下答案，可以这样写：

"对于母亲，我应该（成为）……"，"对于父亲，我应该（成为）……"等，这是你的第一份清单。

其次，在每个句子中，将"应该"一词替换为"想要"。例如，"为了我的母亲，我想要（成为）……"，这将是你的第二份清单。

最后，在第三份清单中，删除开头的"为谁"，不写"应该"和"想要"，而是写"可以"。

这是一项非常有效果的练习，如果你仔细且勤奋地进行这项练习，将有许多新的发现，你将了解自己想要如何生活。因为我们的幻想、我们想要的生活方式和我们的现实之间往往存在很大差异。一个人只需要写信给自己，便可以认清很多……

第三十六步　找到自己的女性圈子

在长达 30 年的时间里，我们通过男人对自己有了很多发现。通过他们，我们进入女性圈子。成年后，情况逐渐发生变化。过去，我们几乎在所有事情上都依靠一个男人：解决内部冲突、更换理想的父母、提高自尊、认识自己等。

在女人年轻的时候，她们认为自己自卑的弱点可以在男人的帮助下被一劳永逸地治愈。在她们看来，如果一个男人选择了她们，那么她们的女性价值就开始稳步增强，以至于她们会在其他女性面前感到放松。被选中并与男人建立关系对她们来说具有如此神奇的力量，而现在她终于可以和这些女战友一起放松，不再害怕竞争。

有伴侣并不会让我们在女性圈子中占有一席之地。我们得自己潜入"女性朋友"圈子。有时候，有伴侣这件事并不会为我们提供任何特权和保护，而是恰恰相反。

任何事情都可以掩盖女性对存在的恐惧。比如鄙视女人愚蠢的"大惊小怪"，贬低女人的爱好："我一点兴趣都没有"，"男人更容易理解漂亮的东西，利用那些会更容易"。但它们几乎只是女性弥补自己不足感的方式。

在女性之中寻求平等地位与男性的参与几乎无关。平等这件事贯穿整个竞争周期，你必须进行投资和忍受，熬过被其他女性吸收、破坏、拒绝、嫉妒、攻击等的焦虑。只有这样，你才能站稳脚跟，认清你的真实能力，了解你的独特性和价值。如果有女性认为你是竞争对手，那么也将是非常值得的。不管你喜不喜欢，知识形式的斗争成果都将被收集在你的篮子里……

否则，无论你如何通过男人确认自己的价值，都总会在与女人或多或少的密集碰撞中崩溃。当然，你也面临远离女人，与男人保持亲密关系的诱惑。不幸的是，那样的话，直到退休你才能找到自己的女性尺码。因此，在女性中占据一席之地，在她们身边寻找自己，在平等的基础上建立关系的尝试应该被安排在 30 岁之后。如果母亲站在门槛上，护送小红帽进入这场互动，那么她会说：

"有时，你会觉得是时候进入女性圈子了。即使早些时候在你看来，男人更了解你并且更加可靠。"

从现在开始，你真的会转向女人，转向你的曾祖母、祖母、母亲、姐妹、侄女、阿姨……

请寻找你的女性圈子。如果你的心准备好了，那么她们会向你招手。

来到女性圈子，环顾四周，四处观察，寻找安全的地方。

当你环顾四周时，可以发现三个自己。

- 你喜欢的那个；
- 你羡慕的那个；
- 你害怕的那个。

当你找到三个自己时，请注意，这三个都是你隐藏的部分，也是你的童话故事的一部分。一旦你在外面看到三个自己，那么是时候让她们出来了。

在女性圈子中，你要找到忍耐的力量，最后找到你的位置。见一群不同的人，让他们有机会接受你，和他们在一起。那将是你的权力之地，一个软弱的地方，一个欢乐的地方，一个脆弱的地方，一个令人骄傲的地方。你将自己开辟那个地方，而不仅仅是找到自己。

第三十七步　在其他女性中找到自己的位置

所有女性的童话故事都是关于离开房子和荒野的森林，就连关于老巫婆①或仙女的都是。父亲从他心爱的女儿手中解放了这片土地，与另一个女人住在一起，他是邪恶世界的化身。

下一步是什么？你会在哪里见到能和你战斗的女性？

你身处一个通过男人、孩子、社会来认识自己的时代，你还有时间在女性中找到自己的任务。找到你的位置，缓解自卑的焦虑，找到你失去的部分——你在为母亲的忠诚而战中失去的那部分。你可以返回第一次获得成年女性在其他女性中选择的时间点，在权利、机会、要求和需求方面与她们保持一致。

直到与女性圈子融合之前，你可能仍处于各种幻想之中，那些想法通常是偏执的。例如，女性是危险的、是没有价值的。也就是说，与女性在一起，你可能被贬低、羞辱。我们每个人都以自己的方式处理这种焦虑，要么决定根本不进入这一危险的空间，要么选择最安全、最熟悉的角色：软弱而顺从的伙伴、积极而聪明的领导者等。

事实上，我们需要与我们一起反思并获得平等地位的女性，这并不容易。因为这意味着冒险并朝着她们迈出一步，忍受随之而来的所有压力和焦虑，和那样的女人在一起是令人兴奋和危险的。但只有这样，才是有趣的，并且你可以采取自己的方式与之相提并论。如果你被一群坚强而聪明的女性吸引，那么请知道你需要在哪里才能成为与她们交流的女性。

没有人会轻易地给你一个合适的位置，女性圈子没有义务欣

---

① 俄罗斯神话中的老巫婆。——译者注

赏和尊重你的声明。你将不得不战斗，宣布你的主张，对包容、细心、安全、深情、充满关怀的女性圈子的幻想也不得不被抛弃。圈子中的每个人都有自己的任务、关注点和保护对象，每个人都以现在的方式生活在其中，都有自己的局限性，你也一样。

你将忍受害怕以及被其他女性嫉妒的紧张情绪。

一方面，我们本能地害怕嫉妒。嫉妒让我们发现了其他女性对我们的看法。事实上，这就是为什么当我们被嫉妒时是如此的不愉快。她们看到了我们，但没有人知道她们会在那里看到什么。我们充满着被评估和贬值的恐惧。

另一方面，我们渴望被嫉妒。可以进行一个实验：让所有女性在你面前告诉你她们羡慕你，并直接对你说"我不嫉妒你"。

嫉妒仍然是一种认可。尽管我们想要它，但我们常常无法接受它，也无法承担被另一个女人认可的角色。

一般来说，女性的"我羡慕你"实际上可以表示以下内容。

- 我看见了你；
- 我认为你是一个强大的对手；
- 我害怕你；
- 我很佩服你；
- 我不敢靠近你；
- 我模仿不了你的做法；
- 我不知道怎么接近你；
- 我希望你是第一个见到我的人；
- 我希望你不在这里；

- 我给你与我建立联系的权力；
- 在你身边我感到"自卑"。

通过选择、比较、与女性圈子和解，女性发现自己的优势和劣势，她们正在尝试不同的女性身份。小红帽觉得她在森林里并不孤单，每块空地上都有她的姐妹，她们有自己的特点。这并不意味着她应该接受所有人或试图取悦所有人。那些女性可能会也可能不会参与互动；她们有权尊重或不尊重，欣赏或不欣赏，投资或不投资；她们可以有另一种选择。接下来，小红帽将进入下一个时期，知道如何选择女性圈子并在其中占据一席之地。

练习

有一次我在白俄罗斯进行关于女性身份的培训。那里的女人们都有着坚强而美丽的个性，她们也可以在自己的羊群（女性圈子）中安心地选择。很久以后，我们中的一些人成了朋友。现在她们也会来莫斯科看我，我们聚在一起吃喝、散步、聊天。

我明白了。以前我想要一个圈子，希望那里的人像温暖的母亲，会为我打气，不会说太多，会帮我躲避外界的问题。自从进入这个圈子，我也不得不跳一段困难的舞蹈。看起来我是自己，但那不是我，总的来说，让我们冷静下来，只是谈心，讨论问题……

怎么办？随着年龄的增长，我们想要多元化。进入圈子是一件很体面的事，它实际上隐藏了我们对女性的恐惧。在一个好的女性圈子里，为了参与者之间的和谐，圈子中至少要有下面这些角色的存在。

- 一个发脾气的人。她会教你变得聪明和情绪化。
- 一朵水仙花。她将教你如何摆脱生活中不必要的人，而不是让他们后悔，然后她会教你如何飞向目标，而不仅仅是注意到它。
- 一位抑郁的女性。和她在一起，你会为自己被禁止的一切感到悲伤，而在某一刻你又发现，一切并没有你之前想象的那么糟糕……
- 一名受虐狂。她将通过自己的例子，展示为什么不要盲目服从和忍受。
- 一位轻微偏执的女性。她会教你珍惜你的经验，关注环境，在不安全的地方也能赢得战利品。

一般来说，女性圈子不仅需要和平，还需要一些参照物，以便于你可以一次从多个人那里获得好的经验，并让每位女性都有所收获。

接下来就是任务了。环顾四周，即使你没有女性圈子，也别担心，你不是唯一一个落单的人。几乎我们所有人都没有它，但我们可以自己找到它。

看向远处，也许你会在那里找到我在这个练习中所写的那些人。看看她们，考虑一下你可以从她们那里得到什么，你想从她们身上学到什么？或者，你希望以多大的比例获得她们的品质？也许你根本不需要情绪化，但你的克制程度增加 30% 也不会有坏处。你会成为什么样的女人？你可以想象那样的自己吗？

第三十八步　决定付出所有代价

在我们生命的第四个十年里，我们终于完全意识到了成年的真相：一切都是有代价的。

如果你想为成年的自己提供与其他人平等的位置，那么请付出努力，没有人会替你接受你的启蒙。勇敢地寻找自己，比较、反思并找到自己的位置。

如果你想被女性圈子接受，那就与你的灵魂一起工作。与女性建立关系，体验焦虑和紧张，但也要展现自己，主张你的权利，要得到其他女性的尊重和关注。

如果你想尊重自己和自己的感受，那么要考虑到有人真的不需要你并且对你不感兴趣。

如果你想成为自己梦寐以求成为的人，那么请付出无尽的努力，努力了解你现在是谁，关注自己和自己独特的生活。

如果你想活在自己的辉煌中而不贬低自己，那么付出的代价就是不断克服自己的懦弱。

如果你想要亲密关系，那么就可能经历一些令你羞耻、内疚、恐惧、绝望、无能为力的事，并且冒着这种关系可能不会再次起作用的风险——这也是值得的。以信任付款，投资希望，这将是你为无法保证的结果而支付的费用。

如果你想在困难的情况下保持稳定，那么请付出努力和金钱。相信有一天你会很艰难，但你会与生活对抗。现在，请用你的生命付出，为未来赋予新的品质。

如果你想活着，就要付出感情，而痛苦、悲伤、焦虑、喜悦、恐惧、钦佩等则一直在你的心里。你可以争取一个空间和时间与人们分享这一切，同时不断付出努力，不要把一切锁在自己身上。

在第三个十年结束时，我们可以通过自己是否准备好付出适当的代价来评估生活中几乎所有的结果。

我们是否已准备好为迟来的改变、成功、人际关系等付出代价？

练习

问自己以下两个问题：

• 我是否为一些我可能不那么看重的东西付出了过大的代价？

• 我是否为对我来说非常有价值的东西付出了过小的代价？

首先确定问题的重要性和价值是值得的，其次再评估你付出的代价。有时事实证明代价太大，你会为了一些事付出一半的生命，或者为了维护过时的关系付出过于昂贵的资源。你可能发现自己拒绝为现在对你来说非常重要的事情付出必要的代价。例如，你不会在新工作、提升自己或与孩子的关系上付出太多。

第三十九步　面对现实，变得更强

到了这个时期，我们已经有了很多自己的故事和观察别人生活的经历。我们积极地形成对世界和生活的成年人观念。我们的世界观正变得更加成熟，而不是像童年时期那样明显的两极分化，即要么"一切都很糟糕"，要么"一切都很好"。在 30 ~ 40 岁，我们关于他人、关系和现实的许多发现正源源不断地涌入脑海。我们的内心已经有支持，并允许自己不要被这些发现吓坏，相反，我要与它们互动并坚定地站好。

到了 40 岁，我们有了新发现。

• 世界不完全是按照正义法则运行的。

• 人们不会为我们创造特殊条件，不会张开双臂等待，而总是奖励我们所应得的东西。

• 没有人会无条件给我们让出位置。

• 最好的女孩可能永远无法实现她们的梦想，即使她们投资、尝试并遵守规则。

- 人们不服从我们。我们的爱、操纵都不足以驱散或教育他们，他们可能离开并且可以独立于我们生活。
- 我们可能不会被选中，我们可能不适合所有人。
- 即使是最亲密的关系也不是永恒的，最深厚的感情已成过去。
- 不是所有人都能爱和感受。
- 不是每个人都有人际关系和家庭。

我们还了解到，永恒的幸福和对行为和勤奋的回报是我们相信的童话，我们明白不快乐只是生活的一部分，生活还包括悲伤、失败以及缓慢的成功甚至痛苦，这一切都是正常的。我们一开始就参与平凡的女性生活，但有时我们也会对抗它。

我们开始了解这个世界。我们吸取了教训，我们的大脑皮层记录着这一切。每过一个十年我们都意识到没有什么是明确的。但我们以同样的方式看到了好的一面。我们领会了生活的复杂性，其中美好与遗憾相邻，离别与重逢相邻，悲伤与快乐相邻。我们有足够的精神力量在失败后站起来，而不是对他人失去希望或者感到失望。我们设法学会处理损失，因为它们一直在发生。我们失去了青春、身材、幻想、人际关系，但即使失去了一些东西，我们也知道转角处的世界还有很多机会。我们将知道以下内容。

- 应该有选择地评估什么适合我们，什么不适合。
- 保持自由选择的态度和灵活的行为。

- 按照我们的目标组织生活并积极朝着目标前进。
- 勇于尝试一些即使从经验上来看不可能的事情。
- 相信自己。

一个女人在"英雄之旅"后获得的活力不再是幼稚的喜悦和盲目的信仰。成年女性的活力可以被用一句话来表达：现在我不会迷失了。这是真实的，她可以在难以掌握的现实中生存下来，用已得经验为她的余生提供支持。

这是确定的基础，她将相信：无论发生什么，我都会活下来！这不再是一种从属于成功幻想并依赖成功的活力，也不是把我们所有的精力都放在想要或需要为某人做什么事情上，而是一种得到我们想要的东西的兴奋感。

练习

我称这个任务为"折旧的宝藏"。我注意到女性通常还没有准备好在她们的生活礼物篮子中收集她们在现实中已经拥有的东西，其中包括以下内容。

- 与人亲近；
- 成为圈子中的一员，获得其他人的支持；
- 尊严；
- 自由；
- 愿望得到满足；

- 选择权；

- 暂停一些事，去做对自己重要的事情；

- 独立。

你可以拒绝将以上内容视为属于我们的东西。

我们经常这样做。

首先，在我们看来，也许某一点并不像我们认为的那样重要。

毕竟，如果尊严和自由是宝藏，那么只有当它们巨大、无条件且没有错误时，我们才准备好接受或承认它们。如果到目前为止它们只是被部分孵化，或者不像我们希望的那样好得到……那么它们就不是宝藏。

其次，它们的出现有时不准时。我们应该更早地找到它，并获得它。否则，如果现在证明不是我做到了，而是我以前本该做到，却没有做到，那么会显得我像个傻瓜。

最后，有时我们还没有权力将"宝藏"据为己有。必须有人做出决定或者以其他方式为我们做心灵工作，以让宝藏真正成为我们的。

任务很简单。看看你已经拥有了什么，并让它真正属于你。不用和每个人都打交道，而是在某个地方，和某个人在一起，有时你会感觉到它，那它就已经属于你了。

第四十步　不再要求父母或其他成年人为我们的生活负责

> 为了与他人建立成熟的关系，一个人必须能够对自己说："没有人能给我最想要和最需要的东西，这个只能由我自己安排了，但我可以维持现有的积极关系。"①

小红帽离家越来越远，她对亲生父母的记忆越来越模糊。伏击可以在这里等着她，因为她的需求还没有得到满足，而在此期间，她可能会有最后的、绝望的又充满激情的渴望：最终找到理想的父亲和母亲。

对于小红帽来说，这确实是一个转折点。伴随着对现实世界的失望，她似乎还在寻找那些能够弥补她不足的人，但每次的失望都有些不同。早先，她只是在寻找获得理想父母的途径，并攻击自己，这对她来说不起作用。到了 30 岁之后，这个梦想逐渐褪色，小红帽接受了现实，她逐渐告别凡事寻找理想父母买单的幻想。

她不再期望伴侣会变得像她离开的母亲一样善良，给她无条件的爱和关怀。

被老板认可和表扬工作出色时，她会明白，这里也有她的贡献，为此她获得了薪水。

她不再期望人们无条件地接受和给予她特殊待遇。

---

① 出自詹姆斯·霍利斯（James Hollis）的《中年之路：人格的第二次成型》。——作者注

一旦我们停止寻找理想的依靠，我们就会迎来下一个挑战。是时候告别寻找另一个成年人来为我们带来生活的希望了，永远不会有一个自信、独立和有韧性的成年人为以下事情负责。

- 告诉我们如何做事；

- 照顾一切；

- 教我们如何正确思考；

- 替我们承担责任；

- 给我们想要的一切。

也许我们试图找到他，等待我们生命中永恒的女性童话故事变成现实。毕竟，在童年时代，我们被告知，如果我们表现良好并且行为正确，那么肯定会有人来替我们承担一切。帮助我们解决所有问题的"蓝胡子"可以告诉我们要做什么，如何生活，要成为什么样的人。但作为回报，他会带走我们的自由、快乐和自我。在很长一段时间里，我们都在试图说服自己我们正在等待这个，我们应该很高兴，但灵魂在美丽的外表下正慢慢萎缩，在现实中我们可能变得特别丑陋。直到后来，我们才能真正体会到，自己为了寻找另一个成年人而不是成为一个成年人的童年幻想究竟付出了多大的代价。

在一次咨询中，我的来访者苦涩地说：

"成年有什么好处？为了做这么多尝试以获得持续的焦虑？"

"好问题。"我笑着说。

真的，这一切是为了什么？我们为分离付出多年努力，代价很大，收获的好处却值得怀疑……

我经常看见极度沮丧的"束缚"自己的形式，比如一个女人因无法改变生活现状而放弃努力。这种完全拒绝担责的态度将她变成"睡美人"，时间在流逝，但是……

当我问她"为什么不努力"时，总是会有一个类似这样的答案："如果我努力，那我就得立即行动，我害怕失败。事实证明，不努力比以自己的成长为代价失去现有的生活更安全……"

莫琳·默多克在她的《女英雄之旅》中对这类现象有着非常优美的描述："在大多数童话故事中，女主人公从她期待的状态中被带出来，从她无意识的状态中被带走，然后突然变得更好，造成这种神奇变化的催化剂通常是男人。比如白雪公主、灰姑娘、长发公主、睡美人等，她们的改变都是基于一个王子！许多在虚幻爱情的魔咒下工作的女性希望自己的配偶成为一个半神，能照顾她们，帮她们抵押贷款、交保险、做交通出行决策等。女主人公必须有勇气去神话她的伴侣，使他为自己的生活负责，或者自行做出艰难的决定并获得自主权。"

这就是我们在生命的第三个十年所做的事情——我们获得了对生活的控制权，结果如下。

• 我们拒绝给予伴侣"救世主"和父母的身份。

• 我们意识到自己对生活的责任，在这个世界，如果我们不努力追求什么，那么任何事情都不会发生改变。

• 做出艰难的成年人选择，其中许多都没有正误之分。

• 我们能够承受这些选择的后果，因为我们有能力应对它们；

我们并不总是确定自己有这些力量，我们只是没有出路，但坚信最终一定会找到办法。

• 我们以自由的形式获得自主的好处，做我们想做的事，并最终以我们想要的方式成为我们想要成为的人。

练习

我从詹姆斯·霍利斯那里接来这项任务，詹姆斯是一个著名的生命路径及危机研究员，他建议我们问自己以下简单的问题。

• 在什么情况下我们需要成为一个成年人，迈出人生的第一步？

• 为了做到这一点，我们必须面对哪些恐惧？

• 这种恐惧是真实的还是来自我们过去的发展？

• 不想成长要付出什么代价？

第四十一步　放弃与所有人或不合适的人建立互惠关系的尝试

年轻时我们认为自己可以选择及爱任何人。毕竟，爱和忠诚的力量是如此之大，以至于我们可以长期忍受冷漠、虐待、缺乏爱的行为。我们可以自己塑造关系，或者把一半的青春浪费在不想为我们做任何事情的人身上。

到了40岁，在好的情况下，我们已经拒绝这样做了！互惠互利成为建立一段人际关系的重要条件，它对于任何领域都很重要。因此在这个时期，我们的核心圈子经常被重建，而不再能满足我们需求的关系被撕裂了。曾几何时，它们是相关的，但是现在我们发现自己变得太不一样了，而且我们开始认为不存在真正的互惠互利。有一段时间，我们将这些关系带入记忆，回想它们有多好，我们忽略了自己的不快或恼怒，没有注意到自己的空虚和无聊。我们甚至责备自己，并坚持认为生活中的一切都需要被拯救，认为"我们应对那些我们驯服的人负责"。但是很快，我们就拒绝支持已经死去的东西，我们拒绝以紧张、不满等形式付出代价。不再追求更好地适应环境，而追求增加可选择的空间。

- 我们投资很多，但只在能被看到、理解和欣赏的地方投资。
- 我们可以为一个人做很多事，不计较回报。
- 我们准备好处理人际关系，但关系也必须是互惠互利的。
- 我们会在与自己有关的情况下做出妥协。
- 我们能够为了人际关系忍受很多，而不仅是为了玩得开心，这只发生在我们对另一个人来说也很有价值的情况下。

随着自尊心的增强，以上一切将成为可能。它不可避免地依赖于我们获得的经验，这些经验赋予我们价值。我们只是向自己学习这项技能：审视我们的历史，了解它教给我们的东西，比如我们经历了怎样的转变，我们成为这一切的结果。我们不再接受贬值和"虐待性贬低"的批评。渐渐地，我们变得对自己足够好，而不会落入华丽又可怕的两极世界……

但我们不会在受到尊重和赞赏的情况下才感受到这一时期的互惠关系价值，我们也乐于在一段关系中给予价值，这很重要。起初女人总是在调整，然后她决定"再也不会"，这就是偏执。她没发现一切并不像看起来那么难以忍受，此时任何不符合女性世界图景的伴侣表现都会被否认并成为"问题"。如果伴侣拒绝，那就是拒绝；如果他在设定界限，那就是在滥用权利；如果他没做她想做的事，那就是忽视或不尊重她……小红帽是如此地"欣赏"自己，以至于拒绝任何妥协或接受其他人的特征。学习互惠是她这十年间的主要任务之一，互惠将使她在以后的生活中过得相对舒适。

练习

你知道，我并不羞于承认我是《欲望都市》里的"疯子"。我就像这一代的许多人一样，多次重温这部剧。每次我都想摇头，嘴里嘟囔着："凯莉，凯莉！你在干什么？"但我沉默了，因为故事实在太熟悉了。

男人们在凯莉的生活中做了什么？比如艾登：他走进她的生活，教她养成健康的习惯，紧紧地拥抱她，借她一个可靠的肩膀，帮忙装修公寓，说服她买房……总之，给予她亲情、关怀和稳定。

或者亚历山大，他用自己的音乐和诗歌作为诱惑，为凯莉烤煎饼当早餐，送她昂贵的礼物。与此同时，他把她带到他的公寓，说出警报密码，交出钥匙，邀请她去巴黎，向她介绍他的女儿。他做出了选择，凯莉被计划在他的生活中，这是显而易见的。

但是他还有其他招数。他知道如何讽刺地扬起眉毛，意味深长地看着她，并在适当的时候说出含糊的词组。提起关于未来的问题，他回答说："我们有那么糟糕吗？"他没有说是或不是，他假装什么都没发生，他再次讽刺地扬起眉毛。他从来没有让凯莉参与过他一生中的任何决定。

我经常问陷入这种零散关系的来访者："他的行为是否包括对你的选择和与你的关系？"

你怎么知道他选择了你？这如何体现在现实中，而不是在希望中？

你将如何选择？为什么？

你们关系的结构是什么？你们一起分享了什么？

随着关系发展，你是否更渴望亲近？

他适合你吗？

你选择如何处理这一切？

如果你想检查一段关系，不妨想想这些问题。

途中的第三个休息站

小红帽将在她"女性神经症"的高峰期进入她的第四个十年，表现为"要了解一切，做每件事，治愈每个人，拯救每个人"。她想知道如何工作，并充分利用空闲时间；想有责任感、坚强、稳重、聪明，能控制住自己，做出正确的反应；想像成年人一样做出反应，减少幼稚的反应。

不要浪费时间，将所有的时间放在事业、人际关系、孩子、家庭、友谊、个人发展上，要与父母建立良好关系。为此，女性最好接受额外的心理学教育，这将有助于她更好地了解每个人，而不仅是父母。试着阅读文学作品，写帖子并进行分析，不要说废话。

用各种方法教育孩子，不轻易放手，以免自己受伤。否则，几乎每个人都会认为你是一个坏母亲，不在乎自己的孩子。在任何情况下，都尽量不要重蹈覆辙，否则孩子将不会原谅你，你的自尊会崩溃。

以成年人的方式与你的丈夫讨论一切，不要提高声音，不要像你的父母那样。要保持理性和逻辑，情绪化会伤害孩子，而且会阻止丈夫尊重你。我们必须以这样一种方式生活："它对我来说还不完美，但是如果我尝试，我会成功的。"

是的，这是我们的个性化道路，我们适应一切，然后与要求作斗争；我们发现自己，向父母声称他们强迫我们，现在我们该为自己的生活做点什么。这是一个正常的故事，30 ~ 40 岁的时间是与现实妥协的十年。我们是时候告别对女性的夸大和不正确的幻想了，寻找自己并对自己进行充分评估，迎接自己的野心以及面对与现实碰撞的危机。

生活在这个时期的有利结果将使我们有以下收获。

• 承认自己的独特性；

• 了解自己的能力、局限性和自尊的可持续性；

• 使自己的雄心和主张与可用的实际资源保持一致；

• 根据自己的经验和生活能力，在其他成年人中找到自己的位置。

未能渡过难关的小红帽将面临以下危机。

• 难以放弃自己的理想主义形象，这种理想主义形象是由对世界的幼稚观念支配的，即"无论如何，我都必须成功和伟大"；

• 贬低生活经验和取得的成功；

• 对自己提出不适当的要求；

• 增加自我攻击的剂量；

• 惩罚自己仍然不是"可以"成为的那个人，忽略了现实生活环境，使得幻想中的一切都无法实现；

• 仍然期待从成年的艰辛中得到"拯救"；

• 无法注意到真实的自己，因为一切不符合自恋理想的东西都被贬低了。认为"只有我是一个失败者"，没有积累经验，没有个性和能力……

　　到了 40 岁，苛刻、强硬的内在父母仍活在我们心中，我们总是试图顺从他们，证明一些事情并等待他们的认可。到了那时，一些好的部分也在我们体内生长，比如关心、兴趣和爱。它们给我们的支持，给我们一种正常和充足的感觉，尽管我们仍会遇到错误、挫折和局限。在成年期结束时，我们还是能够支持自己，使自己不被破坏和攻击打败。

　　是的，在我们的真实经历中，可能没有一位慈祥的母亲会给我们祝福并帮助我们正确地进入成年期。但到了这个年龄，我们内心的母亲已经可以说："我不知道你应该是谁，但是你可以选择你喜欢的，我会以不同的方式接受你。你无须与众不同，自由即可，不必谴责自己和自己的选择。"

　　有了这样的内部支持，我们成功攻克了下一个关卡。

　　· 除了我们必须为自己找到的意义，生命几乎没有其他意义；

　　· 除了我们自己为自己找到的价值，生命几乎没有其他价值；

　　· 除了我们必须向自己揭示的东西，对我们来说几乎没有正确的事情。

　　从成年到成熟，以上任务正等待着我们。但是，很快我们就发现，自己又陷入关于我们是谁和是什么的困惑中……

———— ◇ 第六章 ◇ ————

第三次危机

40 ～ 50 岁：是时候改变一切了

确定十年的路线

我以前从未注意到，

自由时代是如何造就了我们。

20 岁的我们是成长的产物，

40 岁的我们终于成了自己选择的结果，

我们成功了。

这个年纪可能是女性身份的开花期，别忘了，不久前，小红帽从祖母那里得到了她的帽子，走进森林冒险。她对未来充满希望。毕竟，她必须有一个美好的生活，即将发生的事也要绝对精彩，但是……

在一片黑暗的森林中，她独自一人行走，没有得到一丝支持。然后她遇到了沃尔夫，他是一位很好的老师。是的，猎人向她伸出援助之手。总之，小红帽还有很长一段路要走。如果她回头看，她会惊讶于旅程的丰富性。如果她照镜子，那么会看到自己的眼睛周围有皱纹，她还有了一头浅灰色的头发，但是她也会看到自己那象征着长大的红袍。她苦笑着，想起自己付出了多少代价才得到了它。但她仍有幻想。

现在的小红帽正处于成熟的门槛，在 40～50 岁，她有了更多力量，健康开始成为一项特别的资产，因为有时健康会消失。这还不算严重，健康会引发焦虑。她的头脑已经足够清醒，但这并不意味着她知道生活中什么和如何做是正确的。经历了 40 多年，她才明白一切都是多么的模棱两可，年轻时可以被理解的事情似乎不再如她想的那样，小红帽变聪明了。

很多事情都在我们身后，但新的、复杂的任务又摆在我们面前；时间灾难性地流逝，但重要的事情还没有发生。几乎所有人都存在重大改变的空间，女人比以往任何时候都更依赖自己。大多数小红帽已经摆脱了社会约束和道德限制，摆脱了被强加的情景。我们自己的生活在我们看来是独一无二、不可复制的。

改变必须发生，旧角色正逐渐过时。我们正在寻找能给自己带来快乐和满足的东西。为此，我们开始敏感地倾听自己的声音，为那些拖延了很久的任务寻找解决方案。

这几种生活能力变得很重要。

• 处理不同经历的能力。不贬低，不高估它们，能够认识到那些是我们拥有的经历——我们不会有其他过去。

• 充分规划未来的能力。我们不再依赖父母为自己提供更好的生活。

- 朝着自己的目标行动的能力，即表现出坚定的毅力。记住，带着爱和紧张。
- 不仅能够根据情境采取行动，而且还能够发现更多人生的意义。

个体的成熟化进程会逐渐展开并持续足够长的时间，在50岁以后也不会结束。一方面，我们将评估和分析走过的人生道路；另一方面，我们将积极行动，从根本上改变自己的生活。我们如何选择在这个时候生活，如何发展，取决于我们人生后期的生活，也取决于这一时期的问题能否被解决。我们可以充分发挥自己的潜力，在各个领域实现自我。如果我们足够努力并认识到自己的灵魂任务，那么甚至可以改变自己的命运。

在此期间，我们将有以下收获。

- 了解自己的局限性；
- 保持足够的自尊，尊重其他值得尊重的人；
- 保持敏感的直觉和冒险能力；
- 拥有活力和活泼的情感；
- 对生活中的一切持有责任感，并有能力向他人寻求帮助和支持。

这可能是一个繁荣时期，我们收获了过去已实现的任务成果。但这也可能是一个苦涩、失望和充满痛苦的时期，因为我们错过了成年期的机会。

在这里，我想给那些还不到40岁的人提两点建议。

- 首先，了解下一个人生阶段的挑战，为等待你的事情做好准备。

- 其次，本章有一些重要的练习，用于处理你的个人经历和经验，是每个人都可以完成的。在任何时期，这些练习都是出色的心理治疗手段，它们对每个人都有一定的帮助。

第四十二步　让个人经历成为你的支柱

小红帽越来越相信（或愿意相信）40岁才刚刚开始。事实上，我们完全可以健康地开始新生活，我们还很年轻，可以对这个时期充满热情和希望，同时我们已经变得有智慧。

然而，我总是开玩笑说，这个年龄的我们往往是孤独的，没有应有的成熟和智慧。我们必须做大量的脑力劳动，才能将经验加工成结论和分类，以此来比较和构建我们40岁后的新生活。重复同样的事情有什么意义？我们有必要理解过去的经验，看到错误，形成预期的目标并以新的方式实现它们。最后，看到我们在生活中获得的所有礼物，并为我们必须付出的代价而哀悼。

与经验一起工作使我们能够加强和重组我们的女性身份。在年轻的时候，我们可以随心所欲地幻想自己是一个轻盈的公主，认为我们必须是某种特别的人，才能被认为是一个合适的女人。我们正处于第五个十年的门槛处，甚至没有带篮子，只是带着装满各种体验的行李箱。篮子中的一部分东西，如"出生—学习—

已婚"流程，几乎与其他所有人的一样，但有些东西赋予了我们独特性，使我们成为特殊女性。这些不仅是我们的美德，也让我们终于知道如何看待和欣赏自己，学会了处理创伤、离别、忧虑、与人的亲密关系，我们女性气质的独特性使我们在其他女性中也能占有一席之地。

有时，我们携带着丰富的经验，甚至不知道手提箱里装的是什么。此外，考虑一个正常的女人不适合有某样故事，我们很乐意放弃一部分；我们自己贬低了另一部分，因为在我们的命运中，某些事情发生在错误的时间，或者没有达到我们想象的规模。不知何故，我们在一种绝对误解中接近了第五个十年。我们是在什么基础上过上最后到来的新生活的呢？我们必须看看历史，让它成为自己的，因为我们正处于它的中心。

这个时候，小红帽不得不回顾人生中的所有重大事件。她把它们当作项链串起来，然后挂在脖子上，并为她的生活感到自豪。

现在，请你不要介意可能没有什么是值得骄傲的，总是会有的，因为你还在这里，只是不知道如何处理原材料。你必须学习，因为这决定了你在晚年将如何离开。你是将成为一个快乐而满足的女人，告诉子孙那是一段多么美好的旅程；还是成为一个对自己和生活充满怨恨的老妇人，认为人生发生的一切都是垃圾。

你知道 40 多岁的女人有多神奇吗？

她们背后有一段伟大的历史，

她们的眼角有很好看的皱纹，

她们知道自己如何变得敏感、真实，

她们 40 岁时就像我们的祖母在 60 岁时一样聪明。

我看到她们并没有白白得到这一切。

当然，生活给了她们礼物，

但她们也付出了代价。

她们的故事是艰难的，有时是可怕的、痛苦的，

里面有悲伤和眼泪。

她们不再幻想在天空中飞翔，

但她们坚定地守护着经验。

她们的孩子长大了，不再需要她们。

她们离了几次婚，这并不容易。

她们很擅长自己所做的事情，并且还可以做很多事情。

四十多岁的女人真漂亮，

睿智、热情、活泼、坚强，

爱寻求、爱思考、有耐心并能够付出爱。

忠于自己，渴求自由，站在自己这一边，

她就在你们中间。

　　小红帽正在做一项重要的工作。她不仅仅关注生活中的主要事件和转折事件，还将它们与自己的现状联系起来。因此，她不仅收到了完整的成长链，还收到了连续不断的自我宝藏。哪里有注意力，哪里就有能量；哪里有认同，哪里就有爱的可能。小红帽对自己和她的过去越感兴趣，她就越正常，对自己来说也越有价值。她没有形成自恋的价值观——"我很精彩，因为我有无可

挑剔的美好生活"，而是拥有平常的、女性化的观点，她和其他人一样，但是有自己的特点。

是的，我们接近所有女性的综合水平。我们发现，自己可能以某种方式设法超越了母亲，但总的来说，我们在另一种层面上没有成功，即使我们非常努力并试图把所有事情都做好。经过 40 年的亲身经历，我们终于与人性和解。我们可以聪明也可以愚蠢，可以活跃也可以不活跃，可以健康也可以生病，可以被人需要也可以孤独。我们的生活不再被视为光鲜的画面，它只是我们自己活动的一个巨大领域。如果我们了解自己是谁以及生活的意义是什么，那么生活就会发生很大的变化。

练习

你可以在每个生命周期内进行这项练习，包括 20 ～ 30 岁和 30 ～ 40 岁等。

- 回顾这些时期内变化最大的因素。

  （1）所处环境；

  （2）你的身份；

  （3）你的内心世界。

- 将所经历的事件分为帮未来生活创造机会的和使你错失机会的两大类。

- 判断你对它们的感受。

第四十三步　学会对自己的生活满意

到了这个时候，个人成功的标志已不再是名声和你认可的梦想，而是你对自己的生活以及对自己的满足程度。这并不意味着我们应该谦卑、温顺地生活，接受一切，而是要学会体验满足感。

- 明白我们所拥有的；
- 明白我们如何以最适合自己的方式生活；
- 明白我们应如何学会积极生活，使生活朝着我们需要的方向前进。

因此，在 40 ～ 50 岁时，我们不必在任何事情上都做到最好，能够在我们的局限和失败中吸取经验即可，将它们灵活地接受为生活中不可或缺的一部分。我们在生活中体验或没有体验到的幸福感都是改变的重要载体，如果早些时候我们用"符合—不符合""酷—不酷""别人或父母会怎么说"来评估生活，那么在 40 ～ 50 岁，评估的重点将转移到精神反应上。如果我们的灵魂躁动不安，容易不满足、哭泣、抱怨、想要逃避，那么我们的生活也将发生一些负面变化。

> 在责任和从众之路的背后，
> 在证明和抵抗之路的背后，
> 我们开启了我们的心路。

为了遵循它，我们已经准备好做出很多改变。臭名昭著的中年危机，就在这个时候降临。我们以前没有感觉到的限制、压迫、削弱将突然来袭，我们的不快乐成为改变的理由。自己以前没有达到的，或者没有力量、勇气去做的，被革命性地引入我们的生活。

小红帽应该看到以下内容。

- 她的生活是她独创的，是不同于其他人，尤其是其他女性的；
- 她在感觉、表现、反应等方面变得更加真诚；
- 她的一生不是虚假的，不是为了给任何人留下深刻印象或向某人展示某事的；
- 她在更多地参与生活中的事情；
- 她在活出真实的自己，而不是假装或调整什么。

小红帽知道如何问自己"我的生活是真实的吗"，并诚实地回答。随着年龄的增长，她越来越清楚，她正住在哪栋房子里，有多少钱，担任什么职位，这些和她在与一个多么英俊的男人交往并没有关系。如果她不开心，以上内容都不会带来满足和快乐。是的，仅仅拥有幸福的外部迹象（社会地位、人际关系、财务稳定等）是不够的，我们认为，虽然这些在这个时代很重要，我们也花费了时间和宝贵的资源来实现它们，但是对自己所拥有的感到满足正变得更加重要。

我们应学会以下内容。

- 关注我们所拥有的，并有意识地把它们放在我们关注的焦点上；

- 为我们拥有的增加更多价值，而不是专注于我们没有的东西；

- 感谢我们自己、周围的人和世界，感谢我们拥有的机会；

- 认可我们的贡献；

- 了解我们对世界和环境的影响力，以便将其用于未来的利益。

练习

　　我建议你测试一下对生活的满意度。下面我给出两组陈述，其中的每点都会为你在对自己的生活和感受满意还是不满意方面增加一分。通过回答所有问题，你将清楚地看到自己的满意度情况。请把答案写在你习惯使用的笔记本上。

　　1. 满意

- 随着年龄的增长，我打开了新的视野；

- 现在我生活中的许多事情对我来说似乎都比我预期的要好；

- 大多数时候，我几乎和年轻时一样快乐；

- 现在我正在经历我生命中最美好的岁月；

- 我的生活充满美好时光；

- 我看到了未来的许多机会；

- 我相信未来会有更有趣和愉快的事情等着我；

- 我对我的活动感兴趣；

- 如果年龄困扰着我，那么我将同时能看到这个年龄的优点；

- 即使可以，我也不会改变我过去的生活；

- 我有打算在不久的将来实施的计划；

- 我从生活中得到了很多我期望的东西；

- 总的来说，我感谢生活。

2. 不满意

- 生活比我认识的大多数人更不公平地对待我；

- 这是我一生中最黑暗的时期；

- 我的生活可能比现在更快乐；

- 我生命中的大多数会议和事件都让我感到失望；

- 我必须做的大部分事情都是无聊且无趣的；

- 随着年龄的增长，我感到越来越累；

- 与同龄的其他人相比，我这辈子做了很多蠢事；

- 回首往事，我可以说我错过了很多；

- 与其他人相比，我经常感到沮丧；

- 我不认为我可以从根本上改变生活中的某些事情；

- 在我看来，随着年龄的增长，我开始觉得自己不像从前想象得那么好；

- 没有什么好事摆在我面前；

- 让我享受生活的一切都已成为过去式。

在生活顺利的情况下，你可能从第二组中得到的答案较少，而你对第一组的答案认可的占比较大。

你不必在第一组中获得高分，你不太可能如此开明。第一组建议可以为理解我们的发展方向提供指导，但是，同意第二组的大多数答案也是正常的，原因可能如下。

· 你正处于自然年龄危机，将使用本章内容来处理它所涵盖的主题。

· 你没有完成上一期的任务，需要回来工作。

· 如果你从第二组中选择了绝大多数的答案，那么你可能存在抑郁情绪倾向。可以进一步联系专业心理咨询人员。

第四十四步　原谅自己的过去

当然，仅评估对目前生活的满意度是不够的，我们可能直接贬低我们所拥有的东西，或者发现自己对一切都很糟糕但是本应该更好的事实感到沮丧。老实说，这是我们在了解自己这一时期的任务之后，现实地看待事实的机会。

· 揭穿对自己的自恋主张；

· 拒绝另一个成年人出现在你的生活中，并相信其他人的力量；

· 对我们生活中可能发生的事情负责，并确定我们下一步的方向。

但最重要的是还是要完成分离。

- 判断我们的父母、老板、丈夫、孩子、伴侣和朋友会对我们的选择 / 决定 / 行为做出怎样的反应；
- 克制自己，不要让对我们来说很重要的东西发生重大变化；
- 拒绝为我们生活的所有领域承担责任。

我们就像一个孩子，仍然对假想的父母抱有很多期望，希望得到许可、特权、认可、资源等。意识到这一点让我们明白，我们内心挣扎的原因仍然在于我们与父母的心理联系，而我们只需要返回并解决这个问题。

我知道这些本身都是艰巨的任务。我不幻想它们会很容易，放慢脚步，犯错误，逃避决定，偶然发现自己无法迈出下一步，再次回到某个阶段的起点——这一切都是正常的！如果你能这样做，那你就没事。而 40 岁之后正是清理这些尾巴的时候。相信我，如果我们将这些未解决的任务带入未来，在下一个年龄阶段，它们将让我们的晚年不快乐，这就是现在我如此详细地讨论这一切的原因。

现在我们有时间和机会来确定我们紧张、抑郁的原因，我们痛苦地叹息，甚至哭泣，因为我们又要挽起袖子，踏上充满变数和风险的旅程。没有其他出路，这些是生活中的正常挑战，我们将获得成熟的财富，会以想要的方式改变自己的生活，并找到精神力量接受无法改变的事情。

40 岁以后是我们与世界和生活休战的时候。

我们不再相信抽象正义。

我们承认有比我们自己更伟大的力量，并在他们面前低头，如生命、死亡、健康、另一个人——这就是我们最终必须从全能的幻想中丢掉的东西。

我们接受了生活的最初模样，以及我们一开始就拥有的机会。

我们原谅自己道路的不平坦和不完美，留下给自己打分和惩罚的位置，对发生在我们身上的事情感到遗憾。

最后一点非常重要，小红帽知道如何怎样对待自己。她从命运中摆脱困境，决定自己应该做得更好。她在耻辱的象征板上贴了一个提醒标签。当然，她并没有考虑她当时拥有什么资源，她真正能做什么，她有机会依靠谁，她有怎样的世界观。她从她今天"应该知道／理解／能够"的想法中严厉地评判自己。

"不会这样的，亲爱的小红帽"，我想告诉她，那时她甚至不太可能了解如何让自己做得更好。她内心的批评不是客观的、残酷的，不如让一位律师发言，他会拥抱她并以人性的方式告诉她所有人都经历过这些事。每个人都做过我们现在责备自己或感到羞耻的事情，但解决的办法不是无休止地苛责自己，而是做一个女人。承认事情发生了，而且发生在我们的身上。

总的来说，我们的成熟之路总是将我们从自恋的极点引向人性，因此我们将体验更普通而真挚的感情。也许，一路走来，我们会发现自己不知道它是怎么回事，因为没有人告诉我们任何关于它的事情。

练习

给自己写一封原谅信，表达你对自己必须经历的事件的支持和同情，或许你仍然在自责或羞辱自己。尝试不要把自己当成一个失败的顽皮女孩，当成一个普通女人。

第四十五步　正视被拖延的生活

对很多人来说，40 岁之后有最后一次开展主观体验的机会：找到合适的关系，摆脱那些不能给自己带来幸福和快乐的人，做出有利于我们职业的选择，冒险改变等。我们试图抓住这些机会，并明白没有人可以替自己改变生活。如果早先我们还幻想一切都会以一种神奇的方式改变，那么到了 40 岁后，大多数小红帽的希望都烟消云散了。

那个女人正在认真地走她的路，在她看来，之前发生的一切都是对自己人生的预演，而她自己有时也不会选择。首先，母亲把她推到一片黑暗的森林里，她不得不离开，独自在那里徘徊，完全不知道该怎么办。当然，后来她成功了，但话又说回来，她所做的一切都是为了向父母证明她是很棒的，只是浪费了这么多时间！然后她开始与他人、社会和自己斗争，这一切都像是她在为重要的事情做准备……

40 岁之后，小红帽充满期待："如果我不下定决心，那么我真正的生活永远不会开始。"事实证明，仅仅离开父母的小屋，在最近的黑暗森林中游荡，遇到狼群并生还是不够的，她还需要经历下一个阶段。所有的成熟和分离都是有必要的，她所有的债务都被分配给孩子、父母、丈夫和社会，由此走上快乐的道路。她正在寻找最适合她的东西，以让自己更有活力；在极端的情况下，她拒绝那些使她筋疲力尽、昏昏欲睡的事情，或那些让她过早衰老的事。

"存在不能被推迟"，理论上看这是真的。但在实践中，有一个术语叫"拖延综合征"，我们越年轻，这种综合征就越严重。大多数人都有一个问题：我真正的生活什么时候才会开始，为何它被年复一年地推迟了？

- 当我减肥时，我推迟购买漂亮的衣服；
- 我把减肥推迟到以后，即当它变得更容易时；
- 我把换工作推迟到以后，即当它不可怕的时候；
- 我会推迟宣传自己，即当我不感到羞耻的时候；
- 我将幸福推迟到以后，当我可以帮助身边所有人的时候。

结果我们想要的生活没有来。有时我们处在一种奇怪的幻觉

中，认为此时生命并未过去。库尔特·冯内古特（Kurt Vonnegut）[1]
对此说："只要你不喜欢生活，它就会过去。"这是可悲的事实。
我们认为，如果我们不生活，那么它就暂停了。即使在之前的我
们看来，时间已经停止，我们可以或多或少地推迟自己的存在。
但现在，我们已经40岁了，是时候摆脱这种"还不是真正生活的
时候"的无尽状态了。时钟滴答作响，火车已不可挽回地离开。
小红帽经常惊慌失措，但她不能轻易改变这种情况。她真诚地相
信生活仍然可以排练，因为即将发生的事情将使她的生活变得真
实。从本质上讲，这当然是公主对王子象征性一吻的期待，她渴
望某种"魔法"会自动将她从水晶棺中拉出来。每个小红帽都坚
信在特定的事件之后，真正的生活才开始，她最终将能够"活过
来"。有人说"我会遇到男人、结婚、离婚"，有人说"我会减肥、
发胖、赚钱、搬家"，有人说"我会生孩子、养育孩子、我的孩子
们会离开"等。最重要的是要发生这样的事情，否则我们就无法
过上充实的生活。

在我们看来，在这个转折点之后，我们会突然不再害怕冒险，
将能够轻松做出决定，不再感到羞耻；我们会从一些事情中解脱
出来，会获得更多的资源。当然，有时情况的确如此。拖延综合
征的主要表现如下。

- 我们不认为我们现在的生活有价值和有意义；

---

[1] 库尔特·冯内古特是20世纪美国最知名的作家之一，他因擅长使用荒诞、讽刺的笔法而
受到欢迎。——作者注

- 我们生活在幻想而不是现实中；

- 我们赋予未来生活所有奇妙的机会，但不了解它们究竟是什么以及我们为什么需要它们；

- 最可悲的是，在我们今天的生活中，我们常常处于退步状态，我们对生活心不在焉，因为与更充实的生活相比，一切似乎都是次要的、不重要的。有时我们甚至无法将它与具体的变化联系起来。"总有一天我将开始真正生活，但我不知道一切将如何发生。"

40 岁以后，我们生活中的哪一段已经落后显而易见，我们实际上错过了很多机会。我们面临一个事实：奇迹不会发生，生活还是一样。在我们年轻的时候，总想："我会长大并成为"，"我会蓬勃发展并能够"，但并没有……

然后我们必须从睡梦中醒来，不再错过今天可以做的事情，不再将事情推迟到明天，这是最简单的方法。不幸的是，我们常常醒悟得太晚，后悔自己不敢早点开始认真生活。我们以前不敢离婚，或者相反，一头扎进激情和爱情；我们不敢早点离开一份不喜欢的工作，或者相反，找到了一份最喜欢的工作，但是现在失去了它。没有发生在我们身上的，都是我们为拒绝生活而付出的代价。

练习

如果你认为自己患有拖延综合征，那么可以自行治疗，请思考以下问题。

- 为了让自己了解现在一切将真正开始，你要清楚目前发生的主要、关键事件是什么？
- 你到底在拖延什么？在上一个问题的事件发生之前，你不喜欢做什么？
- 对于即将开始的生活，你有哪些具体计划和目标？
- 这些事情中的哪些现在仍然来得及做？

你可能会问，花长时间达到目标和拖延生活的情况有什么区别。在第一种情况下，你会专注、充满热情、心态稳定，而在第二种情况下，你会变得冷漠和愤怒。此外，患有拖延综合征的人，几乎不会采取任何措施，只是等待并幻想一切很快会发生变化。

第四十六步　给自己改变主意的权利

有时，我们缺少一项简单的能力，这被称为非常女性化。即我们无法对自己和他人说："我改变了主意！"

　　我们要求自己严格遵守目标。在我们看来，这就是一种成年人的尊严：始终忠于自己的言行和决定。但生活是如此多变，我们在相同的条件下做出决定，评估来自相同状态的所有内容，然后一切都改变了。能够改变主意是一种很有用的能力，顺便说一下，我从一个朋友那里听到一个这样的故事。

　　她住在哈萨克斯坦，她有一个祖母，也是哈萨克斯坦人。事实证明，那里的人不仅非常健康，而且寿命很长。90多年来，她只知道自己的肝脏在哪里，因为偶尔有点疼。

　　有一天，祖母病了，她把女儿、孙女以及其他心爱的亲人召集起来，在自己周围布置了装饰品，让家人讨论继承问题，并向他们分发她的财产和珠宝。她说："我感觉自己很快就要离开了。"总的来说，这是一个感人而悲伤的时刻……

　　但是随着时间流逝，即将去世的祖母的生活照常进行。然后有一天，她被邀请参加一位亲戚的婚礼。长者需要坐在贵宾席，接受各种礼物。祖母不知道穿什么，因此，她再次召集了家人，并要求大家归还她之前分发的东西。她说："我暂时改变了关于死亡的想法，珠宝对我来说会派上用场。"每个人都从祖母的决定中感受到了幸福，因为他们真的很爱她……

　　过了一段时间，接近百岁生日时，舞剧的第一部分重复了。祖母状态欠佳，她又打电话给她的亲戚们。嗯，大家又来了。他们收到了他们应得的珠宝、织物和器具，一切都是感人而悲伤的……

　　然后又是一场婚礼，她再次收回了珠宝。总的来说，祖母活到了115岁，她在晚年变成了一个艺人，在"我会""我不会""我想要"和"我改变了主意"中和死亡玩起了捉迷藏……

对于一个给定的词或承诺，女性会坚持到最后一刻。她们也许筋疲力尽，但是一旦想到某件事，就又坚强起来，即使事情已经很糟糕或者环境发生了变化。

道理很简单，你做了一次决定并不意味着你不能改变主意。即使是祖母，也可以多次改变她对死亡的想法。

我的朋友补充说，由于她祖母有这种品质，直到去世，祖母都非常活泼、健康。因为她没有因为一些愚蠢的、之前做出的决定而放弃自己的欲望。

也许你仍然无法改变主意，没有辞掉你选择的工作，以免父母不高兴；或者你不允许自己改变主意并摆脱很久以前就该放弃的义务。那么现在，一切都可以开始了。

练习

这也是一个非常简单的任务，想想你早就应该考虑的事情。也许你正在坚持着一些不值得为之奋斗的事情，试着改变你的想法。

第四十七步　重新建立自己

我们的身份是我们自己生活和经历的果实。如今，我们越来越不依赖父母给的东西，教我们的东西，以及寄给我们去往森林的东西。而且，我们也许第一次认为自己是在沿着女性体验的未知路径中创造自己的人。十年的时间肯定会给我们很多理由，让我们从"生活对我做了什么"转向"我对自己做了什么"。至于身份，你可能喜欢，也可能不喜欢。它在很大程度上取决于我们在十年间是如何设法解决年龄问题的。旅程尽头的宝藏是我们未来的幸福生活，它不取决于我们生活得多么成功或丰富，而是取决于我们对所拥有的东西和生活方式是否感到满意。

欧文·亚隆（Irvin Yalom）在《存在主义心理治疗》中引用了患者的故事："生活似乎仍在无止境地上升，我只能看到远处的地平线。突然之间，我仿佛到达了一座山脉的顶峰，前方是一条向下的斜坡，路的尽头是可见的。然而，距离足够远，死亡也是明显存在的。"

这种认识不应该被扁平化并剥夺我们的力量，而应该与我们的肢体碰撞，成为很好的燃料。以前，我们只能在一种情况下做出重要的决定：当生活陷入困境并且别无选择时，我们必须生存，为此我们需要改变一切。我们过去常说："我害怕改变。如果情况只会变得更糟怎么办？我仍然可以耐心等待，因为一切都还不错。"我们相信恐惧和怀疑，总是忍受并继续坚持不适合我们的东西，但是生活的困境使我们被迫采取了行动。

可见的下坡路象征了我们的身份问题，它大致取决于以下内容。

- 孩子；

- 男人；
- 工作；
- 成功程度；
- 年轻的肌肤和紧致的身体；
- 机会。

如果我们不把自己定义为一个好母亲、一个好妻子或一个美女，那么我们是谁？

如果我们不通过自己的角色来维护自己，应该怎么维持自尊和价值？

什么会让我们有理由接受自己的成熟并同意用成熟来换取青春给我们的东西？

这一时期的女性正在经历严重的身份危机。一方面，到了这个时候，我们感到青春期自恋储备被强烈消耗，我们的自信和对一切结果的梦想正在消失。另一方面，我们感到困惑，因为不知道如何将自己打造成成熟女性。另外，我们害怕一些事⋯⋯

我们害怕变老，因为我们看不到任何美好的东西。

我们害怕失去想法。

我们害怕错过美丽的成熟期，或者在对此一无所知的情况下很快就变老了。

我们害怕置身生活的边缘，这个世界仍然在以年轻和美丽为导向。

从这一点来看，我们常常只关注年龄带来的剥夺和限制。尽管恐惧的眼睛很棒，但它有时无法帮助我们看到新的机会和其他人：使我们无法对自己是谁以及对我们真正重要的东西充满信心。有时，我们觉得自己并没有进入女性圈子，没有开启新生活，而是仿佛完全离开了这种互动。这真的很可怕。似乎我们还没有时间真正享受这一切，比如与其他女性平等交流，因为已经到出去的时间了……

我们必须应对我们的恐惧和焦虑，寻找随着年龄增长而出现的新目标和机会，我们的个体化再次成为一个紧张的焦点。没有人会来牵着我们的手，没有人会冷静下来，帮我们做一个快速的蒙太奇。我们被迫经历这些内战和外战，然后对自己说以下话语。

- "我可以成为我想要的。"
- "我自己选择在他人对我的期望和我想如何展示自己之间取得平衡。"
- "我知道应如何充分回应。"

这是一个与父母系统对立的能量已经枯竭的时候，40岁以后很少有人会认真地向他们的父母证明什么。大多数时候我们自发做一些事。在内心深处，我们已经远离了父母。现实早就告诉我们，父母不再对我们的生活负责。而此时此刻我们所拥有的一切都代表我们投入的努力、时间和资源，通过适当的责任和意志投资，我们的目标完全有可能实现。

为了在这一生和未来找到生命的意义，我们保持孤独。当我们不再与任何人争吵时，我们不会再证明任何事情，也不会亏欠任何人，那么就会出现几个重要的问题。

- 我们自己想要什么？
- 这一切是为了什么？

为了什么？旧的意义消失了。我们通过触摸来寻找新的意义，试图了解人们生活的原因。我们为什么要活到现在？这有时会折磨我们多年，但这是一个很好的动力。如果 40 岁后我们还没有走到这一步，那只能说明一件事：我们有大量未完成的任务，这些任务不会让我们陷入真正的中年危机。也许我们还在解决它们，或者在试图以旧方式为无意义的焦虑寻找安慰。

与其觉得自己长大了，我们不如改变对自己的看法，改变与人交往的形式，寻找新的生活意义，于是我们开始有以下行动。

- 寻找新的关系来确认我们的吸引力和"竞争力"；
- 更加努力地工作；
- 不给自己空闲时间，用运动或无意义的活动来填补它们；
- 总是忙于与某人一起整理事情并维护早就应该做的事情；
- 强化自身的救援角色并寻找想帮助的人，无休止地让孩子更加依赖我们，以便被需要。

也就是说，我们在确认已习惯的身份，而不是考虑它并进行象征性的清洗。是时候让内在的某些东西死去了，我们紧紧抓住的东西不再起作用。更准确地说，它有效，但不会给我们带来快乐、愉悦和积极的情绪。是时候重建自己了，我们也许不会得到最终努力获得的光鲜亮丽的自我形象，但会变得更加诚实和深刻。我们可以更真实地面对生活中的挑战，它们不仅向我们展示了光，还展示了阴影，没有它们，我们成熟的女性气质将不复存在……

练习

　　画出你的生活线，从你出生的时间开始画，并把它分成几十年。在这条直线上，用符号标记：（1）更好地影响你身为女性的自我认知情况；（2）对你产生积极影响的人及遇见他们的时间，在认识他们之后，你可以说你变了。

第四十八步　经得起检验

　　通常，在个体自我意识第一次觉醒之后，一股黑暗的、毁灭性的力量会爆发。在英雄诞生的那一刻，会发生一场可怕的"谋杀"……一旦内心发展的萌芽出现，其将立即暴露在毁灭性的力量之下。

　　这是惊人的。只要小红帽更接近她的核心、她的真正本质和她自己，就会发生一些可以杀死这些萌芽的事情。一旦她明白自己真正想要什么，并且至少对此变得更有信心，环境中的所有

"羊和狼"都会向她扑来。他们似乎在密谋让小红帽自行撤退。

这是真实的。在人生最重要选择的关键时期，当小红帽几乎准备好显化和维护自我时，某些情况必然会出现180°大转弯，而且要摆脱它们比一开始的出发困难得多。小红帽以"所以这是命运"为借口，放弃了太多愿望……

女人愿意辞掉一份令人筋疲力尽且不受欢迎的工作，她似乎别无选择，她想让一切维持原样，又或者希望至少赚取一些东西并生存下来。女人决定结束与母亲的不良关系，她状态不佳，而且似乎无法将计划变为现实。

一路上，小红帽不止一次地了解到这个可悲的事实：没有海岸，没有步行靴，她要自己组装桌布，一切都必须由她自己完成。哪里有成长的机会，哪里就有考验。

认出并忠于你的选择，然后努力吧。拒绝那些导致你误入歧途或退步的东西，越是分裂出来的个人潜能就越需要你坚持不懈地努力，因为它不会轻易工作。环境中的"羊和狼"会变得兴奋并尝试阻碍我们，而我们的任务就是向前走。不要转身，不要放弃选择，试着寻找新的支持，检查现实，退后一步，随后再次将注意力集中在自己身上。

我在写这本书的时候，感受到了环境的力量，我几乎每分钟都在被打断。孩子们要求一件事，然后是另一件事；来访者写了关于咨询的文章；家里发生了一些事。我分心了，失去了思绪，然后又让自己振作起来，继续致力于对我来说重要的事情。

我们都知道：一旦我们离开熟悉的现实，参与其中的每个人都开始担心。我们离开了父母——他们看到了被背叛及孤独的晚年；我们留下孩子——他们开始生病。一旦我们明白"够了，我从前一直和你坐在一起，如今已到了实现自我的时刻"，那么周围的一切都将悄悄地开始竭尽全力阻止我们迈出这一步。"没有你，我们将无法生存，我们会死去……"

为了克服这个糟糕的现实，我们日复一日地重复，永无止境。做着一些单独的女性任务：在孩子、鼻涕、菜肴和拯救亲戚中选择生活。你还记得阿芙罗狄忒对普赛克做过什么样的考验吗？阿芙罗狄忒命令普赛克带着一个小盒子进入冥界，让珀耳塞福涅为她装满神奇的美容药膏。这里的全部困难不在于行动本身，而是普赛克被告知，她会遇到那些心碎地恳求她帮助的人，她将几度"让她的心不再怜悯"。也就是说，为了给盒子装满药膏，普赛克不得不无视他们的恳求，继续朝着她的目标前进。

所以成年后的小红帽需要掌握以下技能。

- 时刻保护自己的利益；
- 查看目标和任务；
- 不要将自己拖入令人筋疲力尽的关系；
- 做出有利于自己的选择；
- 整理空间，以便她在为自己做某事时可以使用。

练习

你可以根据生活中的这些领域判断自己是否幸福。

- 职业幸福感（事业、职业或工作、成就感）；
- 身体健康（身体素质）；
- 社会福祉（环境、社会关系）；
- 财务状况（对生活水平的满意度）；
- 生活环境（安全状况、对社会发展的贡献）。

1. 按重要性对以上领域进行排序。有些事情很重要，专注于你现在相对重视的东西。

2. 根据你的满意程度，从 1 到 10 对每个领域进行打分。对于那些你绝对不满意的人或事，你可以写一封"怨恨和指责信"，列出你在特定区域遇到的困难。谁应该为你现在缺乏安全感或亲密感负责？列出每个人的名字。敢于冒犯你的父母、伴侣、孩子，进行追责。因为孩子，你没有成就一番事业；因为伴侣，你没有创业。至于父母，你可以放心地将他们写在每个段落中。

即使你有点牵强地宣称世界毁了你的生活，然后将信放在抽屉里。但也许以后你每年都会拿出这封信，看着内容微笑。与此同时，走进生活，为自己做好你现在能做的一切。

第四十九步　看到自己的影子，让它们成为自己的一部分

现在，除了小红帽，我们再讲一个儿童故事。还记得《睡美人》吗？公主诞生了，整个王国的女术士都被邀请参加盛宴，只有一位古老而邪恶的女术士被遗忘了。当然，女巫被冒犯了，并充分"关照"了新生儿：女孩不得不入睡并睡了一百年。

其他的仙女给了公主美貌、美丽的声音、善良的心等，将未来女人需要的一切都给了她，但这是很自然的事情！每个人都知道一个女人应该美丽、温柔、优雅，但我们当中谁知道，为了女性气质，我们有时会缺乏一个老女巫的礼物？童话里的父母害怕这个未知的、不可预测的、黑暗的礼物。他们认为它没有必要，并且女儿需要沉睡一百年。

还有什么内容可以被添加到这个熟悉的情节中呢？古典父权制。女人睡得太香，没有走出水晶棺材，某个随机路过的王子亲吻并复活了她。历史上的每个人，都只是在等待这个人出现，还需要什么呢？

作家发明了魔咒！它必须被发明出来，才能使故事得以延续。女人会回到我们身边？通过提高正确性、完美性、理想性、谦逊和反应速度？当然不是！在电影《沉睡魔咒》中，主角的所有激情和力量变成了仇恨。公主之所以站起来，不是因为亲吻，而是因为王子的背叛。她开始报复，保护自己并痛苦着。

这个故事体现了成熟女性将如何应对羞辱、背叛和其他不公平待遇，她们的感受足以让她们将愤怒的全部力量转向罪犯。她

们知道，她们心里有不允许任何人侵犯的价值观。对于侵占了她的内心花园的人，她有合法的权利和足够的反击力量。

我看了《沉睡魔咒》，回忆起那些默默受苦的故事，当时我羞愧地隐藏着自己受伤的地方。当我为我的冒犯者辩护时，当我在自己身上找不到一丝愤怒的时候，至少我可以在内心将这种联系粉碎。当我不认为我的经历值得关注时，我要承认这种经历对我造成的伤害。当我们年轻的时候，我们还不知道如何保护自己，我们对内心的恶灵知之甚少，它往往只在多年后才会醒来。40 年后，一个女人回首叹息：为什么我不告诉他我的想法？为什么我不和他分手？为什么我忍了这么久？我回答："因为你的内心没有什么可以依靠，几乎每个人都会发生这种情况，没关系。"

随着年龄的增长，我们可以整合自己的不同部分。小红帽在不同情境中也会生气、嫉妒、羞愧、内疚、害怕、困惑。我们要学会让每件事都在自己的心中占有一席之地，并将其充分体现出来，表达是有价值的。关注我们自己和我们的表达——这就是越来越值得我们关注的事情。

我将详述带来变动的最后一个和弦，它通常在此期间响起。我们讨论了在扮演不同角色时对自己寄予厚望的话题，以及我们如何走出对完美母性和理想婚姻的幻想。而在此过程中，我们逐渐失去了一些希望。40 岁以后，我们不再只追求为了完美而准确地扮演这些角色，我们必须同意这一点……

是时候向自己承认我们是"坏"的母亲和"恶心"的女儿了。不落入贬低自己的一方，并以"我就是这样的"心态走出门。我已尽我所能，如果你不喜欢我，那么很抱歉，但是我很好。

我就是这样的母亲，我尽力而为。如果你不满意，那么我很抱歉，但是我很好。

我就是这样的妻子或女人，我尽我所能，我认为这是必要的。我正竭尽全力，很抱歉，我可能不适合你，但我很好。

我就是这样的女儿。我为你做了一切，我一直在做。对不起，你还是不能得到满足，但我很好。

有一天，小红帽自言自语或大声说："够了！我不会再让任何人控制我了。我不会让任何人决定我应该成为什么样的人。我不会让任何人支配我的工作，我不会再让任何人伤害我了。"

于是她成为自己。

练习

我一直想知道为什么我这么喜欢看关于女巫的电影，后来我意识到：对于我来说，这些女性的生命周期很短。

如果她感觉不好，她会哀悼，去郊区的森林，对着月亮嚎叫。

如果她高兴，她会爬上扫帚，与姐妹们分享快乐。

如果她痛苦，她会哭。如果她很生气，则更愿意与冒犯她的人对峙。

如果她想要什么，她会热情地去做，而不会放慢自己的脚步……

女巫是一个不会打断过程的女人，而这并不代表她不懂得控制自己。

在某种程度上，女巫比我们更人性化，她会被自恋的力量和可能性的想法伤害。她更像是一个女人，权力和欲望对她来说都是绝对的价值，她也更自由、真实，可以热情地过自己的生活，我认为这就是为什么许多女性喜欢在万圣节打扮成女巫的原因。

你也可以想想，如果你不放慢自己的速度，把你的能量向外转，那么你认为生活中有哪些变化是可能实现的？

通常，童话中的女主角在遇到女巫后，会变成成熟的年轻女性，拥有力量，抵抗本质的黑暗部分；她们会认出自己内心的疯女人，并有意识地将能量融入她们的生活。

第五十步　夺回被割除的部分

我们谈到一个女人在 40 岁后所需要的更大自由和真实。她厌倦了退缩、了解自己和选择忍受不同的关系，她变得更加完整和真实。但在此期间，她通常会经历其他重要的变化。她从个性中压抑并归因于他人的部分最终会回到自己身上。她将宝贵的品质赋予他人，但她自己却没有认识到它们。

因此，小红帽可以终其一生寻找一个积极的、有成就的、强大的、独立的以及有趣的合作伙伴。她透过不同的门看王子在哪里，多亏了他，她的生活才会闪耀着鲜艳的色彩。王子来了，她的命运也终将被改变。

多年来，她将自己不被认为是女性的部分丢掉，如活动、毅力、野心、耐力、进取性、韧性等，她不得不带着内疚感向人们表明她是犯了某种错误的女人。

40 岁后，她逐渐明白了自己可以做任何事情。

"我可以想要很多，设定大目标并实现它们，也可以积极地为自己辩护。就像周围这些自信的强大成年人一样掌握着世界。"小红帽不再与自己的权力抗争，而是尊重它。她没有内疚，开始习得性无助，而这曾经是她很正常的一种标志。在成熟期，是时候将所有部分整合为一个整体了。

大多数情况下，小红帽在一开始会和周围的人争吵，因为他们不允许她那样，而是要求她软弱和屈服。随后，她将她的剑放在阁楼最远角落的一个旧箱子里。她开始了自己的生活，在那里，一切对她来说都是可能的，她可以自由地做任何她想做的事，会去那些她曾经绕过的空地。

小红帽逐渐设置了一个控制点[①]，她很失望，没有人会说她很好。除了她，没有人会知道什么对她最好，她过去所有信任他人

---

① 控制点是心理学中的一个概念，它描述一个人将其成功或失败仅归因于内部或外部因素。——作者注

的尝试都以依赖、虐待或背叛告终。当她认为另一个爱她的人会帮她完成她需要做的事情时，那个人却总是追求自己的目标，没有人影响她的生活。她不得不阻止自己，害怕、克制并向后退。

这种认识有助于小红帽认识内心已经拥有的东西，使她成为一个成熟的女人，并对正在发生的事情有力量、尊严、责任感和自尊心。

练习

· 你已经学会了如何使用"生命线"这样的工具。不妨再画一份，从出生开始把它分成几十年。

· 确定转折点的时间，标记你生命中最重要的事件。

· 接下来，让自己成为一个平板电脑。在三栏表格上写下事件本身，你从这次经历中获得的东西（技能、能力、思想、信仰、机会、价值观、联系等），以及你失去的东西（希望、金钱、人际关系等）。

试着超越你的生活，以一种整体的方式看待它，认出定义你的画面，尽管它可能发生在很久以前。

然后让自己有时间平衡这种简单的生活，并用心感受你现在更认同的东西，认识到某种损失会让你获益。专注于表格的第二列。在接下来的几天里，养成使用这些生命礼物的习惯。

第五十一步　舒舒服服地安排自己的生活

　　有一次，在一些报纸上，我发现达丽娅·朱科娃（Daria Zhukova）和罗曼·阿布拉莫维奇（Roman Abramovich）离婚了。某杂志上发表了一篇文章，其中一位男作家给出了他们离婚的美丽版本。

　　"在 50 岁左右，男人有一段'孤独的时光'。男人几乎完成了生命中所有最重要的事情，并有了事业、家庭和孩子。不，他并没有失去对金钱、威士忌和女孩的喜爱，他明白自己还有 10 ~ 15 年的积极生活时光，是时候照顾好自己，潜入内心深处的世界了。说实话，男孩长大了，他已经受够妻子了！这是一个自私而又合理的时代，我本人是多么理解罗曼·阿布拉莫维奇，但我没有游艇。

　　"我们有数以百万计的人。到了这个时代，我们需要和谐。让我们静静地坐着，让女孩们来来去去；我们独自坐着，听滚石乐队，吃樱桃。孤独是一个人最大的幸福，我们天生就是流浪汉，即使我们哪儿也不去。正如但丁所说，我们可以在自己的'黑暗森林'中漫步。重要的是没有人干涉我们，我们已经为每个人都服务过了，我们为每个人都做得很好，我们甚至请求曾经被我们冒犯过的亲人原谅自己，然后陷入沉默。"

　　关于这篇文章，我想说："哈哈，我同意！"这样的时刻即将到来，它对女人也是一样的。根据我的观察，一个厌倦了与日常生活、孩子、男人作斗争的女人，哪怕她是最美丽、最聪明的人，到了 40 岁，和男人一样的欲望也会显露出来。她一生尝试了很多，经受住了，学习了，为自己所用了，有一天她认真地思考："我为什么需要这一切？"一个 40 多岁的女人终于问了自己这样一个问题……

正是在这个时候，宇宙向我们展示了它丰富的生命。女人也许第一次开始急于实现自我，激发创造力，赚钱。正是在这个年龄，我们将目光转向女性，也许第一次结交了成年女性朋友，我们有勇气从根本上将关注中心转向自己。

关于"我为什么需要一个男人"的问题表明，我们不再为了上瘾和其他原因而被迫依附一个男人，我们只是喜欢一个男人并且真的有意识地选择他。这不是一个否定男人，将男人逐出领域的过程，而是一个基于前人经验和自身已经形成且不容忽视的价值观的选择……

顺便说一句，现在女人可以更早问自己这个问题，因为我们的时间资源比较有限，越早越好。我们可能没有赚到数百万美元，也没有我们自己的财产，但在租来的公寓里也可以想这些，而且我希望没有人干预这一重要的过程……

有一次，在我的脸书帖子的评论中，一位读者就这个话题写了一条简单迷人的评论："我 32 岁，有一个儿子，我很成功，在一家外国公司担任了相当高的职位。我有公寓、有车，我充满希望和对未来的规划。我在恋爱中，想永远和他在一起。我的整个生活都围绕着他和孩子以及他们的愿望、他们的生活……我害怕孤独，我可以容忍他的背叛；我不工作，这就是他想要的。够了，一切正常，而我并不开心。我失去了自己，我总是试图取悦他，做他喜欢的事……我不爱自己，并且总有一种奇怪的内疚感。"

"我 47 岁了，我离婚了，有两个孩子，正在从事一份最喜欢的工作。我很高兴没有他，而且我不怕孤独，就这样！"

一个 40 多岁的女人已经知道如何为自己安排体面的生活。即使她没有男人，没有孩子，没有父母，也可以过上令人满意的生活，这是她通过还清所有社会债务并扮演足够理想的角色而掌握的技能。我们变得正常或者对自己特别有价值，我们只想照顾好自己，并将过去过分在乎的东西视为完全普通的欲望。我们开始关注自己喜欢什么，不做让自己筋疲力尽的事情；我们想要一段正常健康的关系，选择一个适当的环境生存，其中有一些东西可以让我们体验兼容性和互惠性。

谢天谢地，我们在某种程度上成为安排自己生活的专业人士。

练习

现在，是时候记住你为自己所做的所有事情了。你为了快乐和满足而进行的活动，你为自己创造的条件，以便你以最好的方式表达自己，感受自己的"成长"。

是什么让你快乐？

我们自己处理这些事情并寻找能够让我们得到这一切的活动是很重要的。首先，我们应深入了解自己，倾听不满意和困惑之处，我们可能因为没有得到自己需要的东西而对生活感到愤怒。其次，我们意识到，没有人会告诉我们该怎么做才能让我们的生活更舒适。我们环顾四周，检查女性在做什么以让自己生活得更好。渐渐地，我们发现了美丽、美学和奢华。我们让最简单的东西住进来，让它们取悦我们的心。我们为灵魂尝试一些东西，而不是无止境地发展和改进原有的东西。随着体验多样化，我们的女性气质逐渐形成。

第五十二步 做出真正的自我承诺

过去的几十年教会了小红帽适应。

她有必要找到一种接近父母的方法，然后融入社会，适应人际关系、家庭、所爱的人和工作等。但每个新的一年，她都想让自己成为关注、关心、发展的中心。小红帽已经有不舒服的感觉，她不像以前那样随和，无法让每个人都满意，而不让任何人对自己施加压力。如果她发现了这一点，她将能够唾弃旧的态度并恢复自己的需求，使它们对其他人可见且有意义。

小红帽学会了以自己的兴趣为中心，并以健康的方式利用周围的人来满足她的需求。

- 首先他们必须考虑我，然后我才有权利争取一些东西；

- 让人们看到我并了解我需要什么；

- 让他们尽可能多地给予。

她明白，如果她还活着，那么她会不舒服。如果她有欲望，那么她肯定会用自己来折磨别人。为了在一段关系中充满活力、保持真实，她们付出了一定代价。她们不能将自己安全地置身于他人周围，以至于他们从不生气或从不对她们感到厌烦，这就是她们随着年龄增长而得到的真相。

她们已经放弃了满足她们的需求是他人责任的想法，而她们所能做的就是找到一个合适的人并行为得当，以便他愿意为她们提供一切。她们会成为保护者、安慰者、赞助者和灵魂伴侣。

到了 40 岁，我们通常已经知道以下内容。

- 认清自己的需求；
- 如有必要，大声说出自己的需求；
- 寻找可以提出请求或愿望的人；
- 忍受拒绝，但是不要崩溃或者继续要求更多；
- 满足自己的大部分需求。

有时我们觉得这几乎像是一种惩罚。我们在生活中跑来跑去，寻找那些会照顾我们并为我们做点事情的人。不停地被冒犯、生气、吐口水，卷起袖子，不情愿地探索世界的新面貌。我们没能解决浴室里的堵塞问题，但是学会了寻找水管工的电话，而不是无休止地给前夫打电话并哭泣；我们不会开车，但学会了征求建议选择学校、学习、通过考试、拿到驾照，而不是总是要求搭朋友的便车；我们不知道如何赚钱，但是我们没有不断地承担债务，而是寄出简历并找到了一份好工作。生活迫使我们掌握了不同的技能。

生活不会用成年来惩罚我们，生活让我们有机会成年，为了我们自己的利益。

练习

女性往往有以下人生感悟。

- "我不能想要太多"；
- "我做不了什么"；
- "我不能要求太多"；
- "我不必要求太多"；
- "我得不到多少"。

她们只是说："我好像没有权限这样做。"不知不觉中，她们会转向那些可以让自己从外部进入的方法，不断地想要、获取、拥有、声称等。

你需要找到那些内心的"我不能"，特别注意那些你不满意的生活领域。也许你真的"不让"自己进入其中。

先写下那些你不能做的事，不要着急。有时这需要一种相当放松和注意力不集中的心态，因为头脑会欺骗你。你可以问自己100次，写100个答案，然后你的心脏就会跳动："是的！这里是！"

接下来，将你的"我不能"改写为"我可以"。事实证明，你很可能会爱、了解自己的欲望并可以大声谈论它们。

第五十三步　找到生活的意义

在中世纪，骑士不能游手好闲。如果一个中世纪的骑士放弃了生意，推迟了男性的事业并与他的女士一起留在城堡中，那么他就会被她俘虏……他因此失去了理想，忘记了所有的发展。

我在说什么？中世纪已经过去，但很长一段时间以来，女性被规定只有在家庭、孩子和男性周围才有生命的意义，她们多想到为某人服务。现在世界正在发生变化。女性也不想无所事事。如果一个女人被关在家里，她的世界被锁在一个家庭和孩子中，那么她也会失去一切，包括理想和精神上的发展。

长期以来，人们普遍认为，女性可以通过将自己限制在家庭关系中来表达自己的独特性并表现自己的个性。但我确信，大多数居家女性在某些时候会因为绝望而弯腰。出于某种原因，她们仍然为自己的问题而感到羞耻，因为她们想离开家、离开亲人，然后向左走，也就是走进一些不为人知的森林，去尝试一些东西、了解自己。社会有时仍然会发出信号，表明女性在家中发展就足够了，成为他人的情人、妻子和母亲。"你还需要什么来获得完整的嗡嗡声？在你的秘密幻想中，你是男人吗？"

如果我是一个正常的女人，我会全心全意地争取一些事，我会冷静下来。女性有时被迫感到羞耻和内疚，因为她们不满足于拥有社会认为足以使她们幸福的东西。当然，越来越多的小红帽将这种女性气质扔进垃圾桶，只是为了避免落入这一陷阱。

完成之前的发展任务后，她会对自己说："嗯，是的！我是女人，也想向左走。也就是说，为了充实地生活，我肯定需要跑出家门，闻一闻新鲜空气，捕捉灵感。我将有所成就，参与生命的每个循环，这对我来说几乎与照顾家庭、成为好母亲一样重要。我可以！"

我们与男人没有什么不同。我们需要社会、朋友，需要一个被接受和欣赏的地方。学者约瑟夫·坎贝尔（Joseph Campbell）曾写道："据说我们在寻找生命的意义，我认为这不是我们正在寻找的。我相信我们正在寻找一种生命的感觉，以便我们纯粹的身体感觉会在最深的存在处和最内在的现实中做出反应，我们会感受这种生活的乐趣。"

但是这个奇妙的想法不仅让小红帽拥有了自己意义的自由，还让她面临自己的责任。所有那些她刚刚经历过的生活和大惊小怪的时期，在她看来只是一个童话故事。每年她都变得越来越难以强迫自己起床去做下一个项目或只是行动。以前，我们这样做是因为我们必须或者我们想要，现在我们都必须找到自己的意义。如果没有意义，金钱、职位、财产等就不会变得有价值。随着年龄的增长而为自己的利益奋斗是无聊的、累人的。如果我们没有找到一些对我们来说更重要的东西，那么"为了孩子""为了丈夫""为了父母"将不再起作用。

"为了什么"的问题对每个人来说都很自然，而且几乎是无法忍受的，以至于我们中的许多人多年来一直在逃避这个问题。有人用上瘾淹没了这种无意义的焦虑，有人以通常的方式逃避到充满激情的关系中。幸运的是，多年来我们自我的声音变得越来越强，当我们仍然独自一人时，它将设法渗透到我们的意识中。

这听起来像是焦虑，我们害怕错过所有机会，害怕重要的事情不会发生。

我们渴望现在我们灵魂的某些部分不存在。

我们没有为他人服务，这听起来可能很痛苦。

而对于那些习惯于攻击自己的人来说，这种对自己越来越高的要求只会摧毁他们，而不是有效地推动他们寻找意义。

小红帽必须学会进行一种新的脑力劳动。一方面，她需要在生活中看到和感受生活的意义，体验生活的过程，让生活变得有趣，让情感丰富，对自己的价值充满希望。她需要创造自己，体验自己，成为自己。她正在学习这样做，是为了她自己，而不是为了亲人。

为了"进一步体验生活"而开展实质性工作，不仅需要我们关注过去和现在——"在我的生活中独自生活对我有好处"，而且还需要关注未来——"我有很多事情要起床"。

小红帽正在寻找机会了解她正在实施什么样的生活计划，如

果她存在、行动、创造、工作、爱、抚养孩子、维持关系等，那
么世界会发生什么变化。她用她的直觉寻求帮助，她需要思考以
下几点：

- 我的目的／使命是什么？
- 它在我身上显示了什么？
- 它如何为人们服务？

有时，她需要花费数年甚至数十年的时间来了解这一切。

我们记得小时候喜欢做的事情，但是忘了为什么我们开始工
作，为什么我们放弃了我们喜欢的东西。

我们正在努力弄清楚我们现在喜欢做什么，我们擅长的，为
什么我们今天要在开始的路上停下来，把它当作我们的使命。

我们在看。

我们在尝试着。

我们通过让改变进入生活来接触一些东西，我们再次冒险或
者拒绝冒险，我们试图修复一切，以免分崩离析。

我们只会加强我们的旧身份，阻止一个为伟大目标和任务而
生活的，全新的、成熟的女人诞生。

练习

有时，在我询问来访者生命的意义时，他们会感到
迷茫，不知道生命到底有什么意义。我建议大家现在就

来看看研究人员给出的建议。

在你面前有一份包含 24 项内容的清单，这是人们在生活中可以参考的生活意义清单。

1. 请仔细阅读整个清单。

生命的意义在于：

- 助人为乐（A）；
- 自由自在（E）；
- 得到快乐（D）；
- 完善提高（SR）；
- 获得成功（ST）；
- 与亲人相守（COM）；
- 把最好的传给孩子（C）；
- 了解自己（K）；
- 多行善事（A）；
- 生活（E）；
- 体验快乐（D）；
- 自我实现（SR）；
- 成就一番事业（ST）；
- 被人需要（COM）；
- 为家人而活（C）；
- 认识世界（K）；
- 改善世界（A）；
- 爱（E）；

- 尽可能多地增加感受和体验（D）；

- 实现所有可能（SR）；

- 在社会中居于一定的位置（ST）；

- 享受与他人交流的乐趣（COM）；

- 帮助家人和朋友（C）；

- 了解生活（K）。

2. 对列表中的项目进行排名。请选择三个在你的个人生命意义系统中排名第一的陈述，放在第一位一行，然后再选择三个，一直排到第八位，即表格第八行（见表 6-1）。

表 6-1　生命意义事项排名及陈述

排名	陈述
第一位	
第二位	
第三位	
第四位	
第五位	
第六位	
第七位	
第八位	

完成表格后，查看前三位（行）的陈述。显然，这些是你现在生活中最重要的领域。它们分别为哪些字母？以下描述可以帮

助你更好地理解它们。

A - 利他：帮助他人，善良，利用个人的潜力造福社会，渴望改变世界并参与其中。

E - 存在意义：这些是一个人生活的普遍范畴，包括善与恶，真理与错误，真理与虚假，美与丑，自由与依赖，生与死，生命的意义和目的。

D - 享乐主义：获得快乐，渴望体验幸福并获得尽可能多的感受。

SR - 自我实现：改进自己、能力和才能的实现、创造力的实现。

ST - 身份意义：取得成功，有良好的职业生涯，在社会中有价值的地位，有财务偿付能力。

COM - 交流意义：与他人交流的快乐、归属感、相似性以及与所爱之人在一起，感觉有人需要你的参与。

C - 家庭意义：积极参与家庭事务，为家庭和孩子而生活以及帮助亲戚和朋友。

K - 认知意义：了解自己的生活，了解构建人类世界的总体图景，包括你的世界观以及你对"我是什么""生活是什么"等概念的探索。

注意你最关注什么意义，以及那些被证明超出你兴趣的意义——它们在最后三行。也许你可以用一种新的方式重新平衡你的生活，找出你更敏感的领域，让它们在不久的将来变得有意义。

重要的不仅仅是为自己发现最有价值的意义，还要让它们成为你关注和反思的焦点：在这些领域你会有什么表现，你今天在做什么充实自己？

途中的第四个休息站

在网上，我发现了这样一句话："你在这段时间发生了什么变化？当你改变时，一切都会改变。你学会了不执着地爱，去追求所爱而不怕失去；接受放手；相信自己看到了现实；保持内心自由；敞开心扉，但让被选中的人进来，进入人们的内心，而不是融入他们；保持真诚，知道人们在说谎；意识到邪恶的存在；活在当下，看到未来的目标；胆怯时也要大胆地再次起飞，尽管有跌落的风险。生活不是软弱或坚强，愚蠢或聪明，理解或冷酷。生活需要你与众不同，同时你要保护自己。

这些话完美地描述了我们这十年的任务和成果。我们进入这个阶段是为了最终发现自己成熟、聪明、善解人意并且对一切都了如指掌。我们不再寻找以下这些虚幻的东西。

- 如何在不伤害任何人或让他人不安的情况下让自己感觉良好？

- 如何在不给他人压力的情况下从人们那里得到一些东西？

- 如何在不付出任何代价的情况下取得成功？

- 如何学会总是做出正确的选择，并提前知道它们会导致什么？

- 如何在不引起人们负面情绪的情况下变得聪明和成功？

- 如何在没有压力的情况下做出改变生活的重要选择？

- 如何不经过怀疑自己能力不够的阶段，即刻成为超级专业人士？

- 如何取悦每个人，而不需要付出任何努力？只是因为我很好。

- 如何变得快乐，同时对自己和所爱的人维持关系？

- 周围的人都说我格格不入，我怎么才能找到自己？

- 最后，如何一劳永逸地找到生命的意义？

所有这些问题的答案都只有一个——不可能。渐渐地，我们对此感到"满意"，答案不会阻碍我们，也不会阻碍我们重新开始和尝试。我们尝试寻找能满足我们的东西，并变得更接近自己。我们已经明白，一切都井井有条，即使我们移动得不均匀，也并不总是积极向上。我们逐渐长大成熟，但我们继续学习如何以我们越来越喜欢的方式过自己的生活。我们收到了成熟的礼物，格式塔治疗师对其有非常简洁的定义："做出选择的勇气不是基于避免恐惧、羞耻或内疚，而是基于了解我们的需求，与我们周围人的需求相关联；当'它成功了'变成'我这样做了，一切都很好'时，也许没有什么要我们补充的了……"

小结

在这部分的结尾，我想写："如果……你将一切都好。"

· 如果你没有遭受特别的创伤；

· 如果你能按时、成功地完成每个阶段的任务；

· 如果你有专业人士的支持，比如心理学家，以便你在每个时期更好地了解自己；

· 如果你有时间、资源等。

不幸的是，对于我们这些活着的、真正的女性来说，一切都不会像本部分所描述的那样发生。你和我"挂"在某些东西上，这会减慢我们向解决以下任务的过渡。我们有时会在无法掌握的某个时刻停留数年甚至数十年。但是没关系，每个人都这样。

这并不意味着人们可以对每十年发生的事情一无所知。在大多数情况下，了解我们正在克服什么样的挑战以及我们最终必须解决的问题会让人安心："事实证明，这就是我正在做的事情，这就是为什么我有这种感觉，这就是为什么我不能落后于自己和他人，因为我想最终解决这个问题！"我们再次发现自己在我们的生活中，在其他人的身边，试图为自己做同样的事情。

　　这三个十年基本上定义了我们的女性身份，比如我们是什么样的女人，在经历了这些生活的洗礼之后，我们开始明白：我们存在于爱情中，离别中，在孩子的出生中，在他们的成长中，在为我们的自由而奋斗中，在与我们的灵魂建立联系中。只有道路本身才能使我们长大成人并教会我们生活。如果我们做得不完美，也没有关系，这个世界上多的是跟我们一样的女人……

第三部分

触发事件

◇ **导入语** ◇

　　每个小红帽都会掌握她的基本旅程。

- 离开家；
- 前往野生森林；
- 遇见狼；
- 也许会有猎人帮忙，也许她成功自救；
- 结果，她走上了独立而正常的道路，她在父母面前没有任何内疚，因为她是离家如此之远，几乎违反了正常分离道路上的所有禁令。

　　此外，每个小红帽还经历了不同时期的与年龄相关的任务。

- 始终如一地逐渐掌握使她成熟的原因；
- 解决内部冲突；
- 摆脱对真实自我的执着。

　　在某些时候，她会发现自己站在生活的中间，再次感觉自己像个不成熟的女孩，而不是成年女性。她不明白这种对自己的不同看法从何而来。也许有人会参加她的入学考试，对她进行各方面的评估，并颁发证书。证书上会用粗体字写："真正的成年女性。"而这个"某人"永远不会来，也许他还有其他事情要做。可小红帽却在等着，心想她自己有问题。她只是还不值得，否则一切早就发生了。然后她会挺起肩膀，以一种新的身份和合法的权利生活。

当然，没有人会安排特别的考试，也不会为你签发成为成年人的特别许可证。你至少可以等待你的整个女性生活，没有人有能力赋予我们内在的权利去思考和感受自己是成年人。虽然我们真的很想找到这样一个统治者，获得认可和欣赏，有时我们经历了很多年的生活也不起作用。首先，寻找一个能让成年人进入这个世界并给予认可的外部人物。其次，我们会失望，因为无论我们如何被认可和欣赏，那都不是我们内心的真实感受。在成年人世界和女性世界中，我们仍然是冒名顶替者。无论我们如何努力，都不可能获得与外界不同的感觉。

一段时间后，在经历没有人会来给成年女性世界提供外部启蒙的失望之后，我们将不得不再次将一切掌握在自己手中。更准确地说，做脑力劳动，把评价的中心还给我们自己，并认清我们真正代表的是谁。直到有一天，我们有了一种稳定的体验："我自己知道我是谁，我是什么，而且我不必对外证明自己很好。"

---◇ 第七章 ◇---
发生在每个人身上的事情

第五十四步　将发生在你身上的始发事件划出来

你说："哪里有欲望，哪里就有考验。"

这就对了。不过，欲望通常不会太多，而且都比较抽象，但考验却多得可怕，而且是非常具体的。[①]

当一个女人过得不如意时，当她自我疏离时，当她开始逃避现实并回避真相时，当她忘记了她所爱的和她想要的时，当她的灵魂陷入昏睡时，当她决定让自己忙起来以摆脱空虚时，当她放弃了旅程、潜能以及她本来可以过上的生活时，当她徘徊在已经不适合她的地方时，是时候让她过渡到下一阶段了。

她的生活与世界连接在一起，她身上发生的一件事改变了她的命运。将她从睡美人的城堡里救出来的不是拥有温柔之吻的王子，而是大灰狼。大灰狼知道在什么地方，用什么力量去咬这个

---

① 这段文字出自村上春树的《1Q84》。——作者注

陷入沉睡的女人，她才会醒来。小红帽擦了擦眼睛，然后站了起来，此刻她正处于生活的中心。变革不是因为女人的选择出现的，而是由内在的力量导致的。她不得不做出选择，这些选择令她左右为难，同时，残酷的事实令她喘不过气来。

此后，小红帽失去了以前的天真、无知、茫然，她将不得不沉沦，以便脱胎换骨、化茧成蝶。否则，灵魂就会在不再属于它的地方徘徊，并呼唤小红帽以及你我等有此种经历的人做出改变，使我们能够成为理想中的那种人。

及时了解女性追求个性化的原则很重要。生活会定期地考验我们的灵魂，当我们的灵魂像上台阶一样上升到一定的精神高度时，我们能准确地感觉到我们是相当正常的成熟女性，而且自己处于生活的中心。生活清楚地知道我们每个人必须通过哪些考验才能走向成熟，并以一种独特的方式提醒着我们，让我们在各个阶段都能收获成熟并找到自我。有些人将被迫经历几次命运的考验，以获得离开父母后的情感自由；而有些人很快就能通过这些考验，他们不得不多次改编命运的剧本。我们中的一些人想要获取力量，但他们还有很长的路要走，而另一些人则是脆弱的，情况就不相同了。

对于我们的本我来说，哪里有机遇，哪里就必然有挑战。我们想要找到更完整的自我，看到美和令人敬畏的力量，而这样的机会十分难得。有时，机会伴随着十字镐和铁锹这些劳动工具而出现。在这个意义上，你必须劳作才可以，并且没有其他的选择。如果你仍然认为人只要随着年龄的增长，做着"人云亦云"的事情，就已经成熟了，就找到了成熟的感觉，那么你就错了，而且大错特错。

我们有时有机会到达另一个精神层面，那里的我们充满力量。这些事件，为我们打开新世界自我的大门，我们可以将其称为意识觉醒或是意识启蒙。这些事件不可避免地发生在我们每个人身上，感觉几乎就是一场灾难。痛苦其实是个机遇之门，我们克服痛苦的目的是透过它辨别出一个不同的自我，一个更自由、更有经验、有选择、有自我意识和能创造生命的自我。如果没有适当的心理建设，那么这些生活上的苦难就只是痛苦的"储藏库"，装着生活的经历和对自己的愤怒。我们的任务是调查清楚在当今世界上发生在女性身上的最"可耻"或最困难的事件，并把它们从扼杀自尊的借口变成能够启发女性的一种积极向上的东西。

人们对女性存在一些重大误解，一些人认为女性必须通过写有"成功和成就"的门才能感知正常、成年的自我。我们完全可以通过不同的东西来获得成熟的身份。我想，能证明女性拥有成熟身份的事件的清单可能太长了，但仍能提供一个大概的答案。

在当今世界，以下事件可以被认为是女性成熟的开始。

- 因任何原因失去孩子；
- 与已婚人士保持联系；
- 遭受虐待；
- 遭受暴力；
- 结婚；
- 生孩子；

- 伴侣的不忠；

- 亲人的背叛；

- 离婚；

- 与儿时朋友分离；

- 父母离世；

- 重病（大难不死）。

要想完整地了解自己，并在生活中感知自己是个成年人，请至少列出 3 ~ 4 个事件。到 40 岁时，我们不幸或幸运地经历了至少一半的事件，这使我们清楚地看到这个现实的世界，它可能不是一个充满善良和公平的幻想世界。就算我们表现得好，生活也不一定善待我们。也只有这样，我们才能了解有些事情不可能。随着年龄的增长，我们发现不被困难伤害和避免困难这些都不是最重要的，最重要的品质是个人的力量和韧性，以及能够承受生活中的一切。小红帽最终意识到："我活下来了，并且克服了一切，我没被打倒。此时我深知自我，也明白我的能力所在。"

如果没有这一切，我们就有可能在这些年里不断加深自己的幼稚化，这带来的结果显而易见，那就是在生命结束时，我们满怀失望、愤懑、疲惫，对不公正感到恐惧，并充满痛苦。只要留意一下老一代人的生活，你就会明白这些有多真实。

练习

　　我建议你再次画出你的生活线，并在上面标出那些你自己认为带有转折性的事件。正如我之前所说，在自己的感觉和体验中，这些事件将你的生活分为"之前"和"之后"。这些事件强烈地影响了你，深深地改变了你的人生轨迹。现在，只须将它们从自我中划分出来，证明它们在你的人生轨迹中很重要。

第五十五步　开始书写自我同一性

　　正如你所看到的，在这个"感人"的女性觉醒主题中，没有太多浪漫的元素。顺便说一下，从历史上看，这是一个相当残酷的过程，有时甚至是血腥的，每种女性身份都有自己的意识觉醒仪式。从青年时期开始，我们伴随着自己那套启蒙教育进入成年，然后生活通过组织其他启蒙教育活动考验我们，让我们走向成熟。我们的心理和身份从少女逐渐向成熟女性过渡。

- 从依赖和天真过渡到智慧和自力更生；
- 从自恋孤僻过渡到与世界保持真诚和相互依赖的关系；
- 从等待救世主过渡到自己拥有应对生活的力量。

生下第二个孩子后，母亲角色的担子更重了，但不幸的是，有时经历是孤独的，并且不会带来自我认同。是的，意识成熟的标志是接受变化，在各种体验中找到真实的自己，并堂堂正正地接受这种女性生活，即使这种接受是以眼泪、心碎和白发为代价。

意识觉醒属于女性灵魂方面的建设，正是觉醒事件最终确定了我们的成熟身份。起初听起来像一个富有生命力的故事："我是一个女人……"

"我是一个结过两次婚、离过两次婚、生养过两个孩子，最后找到了自己喜欢的工作的女人。"

"我是一个经历过心爱的丈夫突然死亡的女人，我把事业扛在肩上，挺了过来。"

"我是一个早年丧父的女人，熬过了母亲的病重时期，为母亲付出了很长一段时间，但后来结婚了，变得很幸福。"

"我是一个克服了重病的女人，与酗酒的丈夫离了婚，过上了自己想要的生活。"

"我是一个一无所有的女人。"

这不是为了给自己打气，这样做的实质目的在于通过所有的这些考验认识我们自己。在所有复杂的生活状况模式中，我们认识到自己是不同的，而且我们不再依赖外部评价，不再需要像"你很好"之类老生常谈的话语来认识自己。我们通过观察自己的生活来说服自己相信这一点，我们是最佳版本，我们是最好的唯一。

经历过痛苦和失望的过程，有些东西我们已不再拥有，而我们为这一切所付出的代价帮助我们成为一个真正的女人。这些代价给予我们充足的理由。走过这段旅程，我们也能够成为独一无二的真我，在我们的生活中没有第二个"我"，也不可能有。

自我认知建构的一个重要原则：通过经历来丰富它，而不是抹杀和脱离一切。为了感觉到自己是一个人，我们需要把注意力从我们仍然不足的负面错觉中抽离出来，转移到我们已经拥有的东西上。我们要分析所有故事，而不仅仅是我们喜欢的那些，容易被忽视的那部分很可能是成熟女人要做的事，她们已经用牺牲自己的心理和资源为代价变得成熟，现在她们有掌管自己生活的权利。

练习

我在上面展示了如何讲述自己的故事，你已经做了20 ~ 30岁的故事分享，并且深刻认知到自己年轻女孩的身份。而现在，你应以一个成年女性的身份来了解自我。在上一个步骤中，你明白，发生在你身上的事件深刻地影响了你，并以某种方式定义了你。所以，请根据你的分析，讲述一个作为女人的故事。

第五十六步　将伤痛转化为觉醒事件

在第一部分，我写了小红帽与大灰狼的遭遇。我们走在属于自己的森林里，转过笔直的小路，有东西在吸引着我们，并邀请我们进行一次愉快的冒险，但最后我们发现自己被吞噬、被摧毁、被孤立。这时，只有跳出吓人的儿童模式，进入成年人模式的探索才是最重要的：与狼的相遇是所有女人生活中不可或缺的一部分，而不仅仅是那些行为不端、不听母亲话的女孩的。是的，对我们来说使意识成熟的始发事件几乎都是具有创伤性的，我们可以通过以下方式重新理解一切。

- 这几乎总是一个突发情况；
- 我们失去了对自我的控制；
- 我们发现自己独自面对远比我们强大的力量；
- 我们发现自己很难吸收和处理当下的情况；
- 它对我们的自尊心造成了伤害。

而且，它往往是创伤性的，正是因为我们发现自己在那一刻是孤独的，孤立无援的。

这一切的后果是，在遭到疏远、离婚、背叛、失去孩子等之后，我们的精神和身体都会被冻结。我们开始把自己排除在正常人的社会之外，我们被羞愧和内疚压得喘不过气来。我们对自己感到愤怒，因为这种情况发生在我们身上，我们没有预见它，没有及时了解它，没有采取正确的措施。

　　而且我们还在攻击自己，因为我们还在继续关心这件事并受苦，而正常人已经应对了一切，并且已经得到了安宁。

　　同时，这些事件将我们的世界分为"之前"和"之后"。生活本身停止了，我们也被冻结了，而我们的自我意识也被分割成"之前的我"和"之后的我"。

　　"以前的我——活泼有活力，之后的我——僵硬麻木。"

　　"以前的我——充满希望和信任，之后的我——愤世嫉俗和失望。"

　　"以前的我——对生活和人充满好奇，以后的我——冷漠。"

　　经过这样的事件，我们不再完整，不能看清自己的全部。我们分割自我，这样就不会再……

　　　　有那么多痛苦；

　　　　有那么多羞耻；

　　　　有那么多恐惧；

　　　　有那么多脆弱。

　　而这类事件只是一个开始，在经过一段时间的虚无和分裂之后，我们就有可能重新组合自己，获得重生，体验生命的力量，从而克服精神上的死亡。

　　在童话故事中，英雄不会死去。即使他被砍成了碎块，这也绝不是故事的结束，这只是生命中的一个时期。对英雄来说，沉入混乱是通向辉煌的必经之路。为什么？我们猜想一下，这是因为主角带有一定的主角光环，他们教会我们什么是"正确"：一切必须在死后才能以新的形态重生。那些只顾着保存他们所拥有的人，不可避免地会停滞不前和走向灭亡。这如何适用于治疗？来访者若要求恢复能量，也许是不可能实现的。他们没有经历腐朽的深渊，也没有埋葬被分解的过去，此时如果想创造新的东西，似乎是痴人说梦。

这是非常可悲的，但在这里，我们必须把恢复和重生的过程再次掌握在我们自己手中。没有人会来拯救我们，给一个已死去的部分注入生命。我们应当为人们所接受，说出我们的苦恼，寻求慰藉。我们必须认识到发生在我们身上的事情是女性经历中的正常部分，它发生在 50%、60%、70%、80% 甚至 90% 的女性身上。

> 在成年后，离婚不是什么大不了的事情。
> 在成年后，有人会遭遇欺骗和背叛。
> 在成年后，有人会放弃他们未出生的孩子。
> 在成年后，有人会生病和死亡。

而且我们可以用怜悯而不是谴责的态度接受它，我们在这一经历中认识到自己，并对我们曾经经历过的东西有一种归属感。我们相对年轻女孩来说经验更丰富，我们会邀请她们加入我们的圈子，告诫她们："事已至此，女孩，一切都将会过去，未来还有很长的路要走，而且现在还不是抽离出来的时候，回到我们的圈子里来吧，我们在这里都是一样的。而且你不必通过有严格评审团的大门，我们只允许最尊贵和最完美的人加入，每个人在这里都有自己的位置。"

我们在处理创伤性的故事时，有一套明确的规范。

· 承认事件的现实性，"它已经发生在我身上"。

· 这是我无法改变的事情，"我的生活已经发生改变，并且我已不再是那个我了"。

· 之所以要从内部或外部获得"特赦"，因为我们常常不能控制一切，对一切负责，预见一切，更好地应对一切。要看到我们当时拥有的现实资源，并自我掂量："我是否有能力将事情做得更好、更正确？"更多时候，答案是否定的，这尽管带来了痛苦，但也是一种解脱。

回归本我，允许自己体验各种适当和恰当的情绪及感觉，这些情绪在当时是被禁止的、被拒绝的，并且是不可能有的。如果看到不公正的事，要抱着愤懑之心，对施暴者还以愤怒，对背叛行为施加报复，对失恋表现出悲伤，以此类推。

把事件正常化，作为生活中自然和普遍的一部分，认清事件的本质，做到对事不对人。

将内部的侵略性向外输出，不是自我吹嘘、自我责备和自我惩罚，而是把它"退回"原地址，献给那些错失、抛弃、背叛、破坏这一美好画卷的人。我们要允许自己对他们感到生气和愤怒，大声谈论这件事，承认它的可接受性。

哀悼逝去的岁月、希望、梦想和完整的生活，逝去的这些也曾属于我们，而在某种程度上，我们已不再是那个我。我们可以用哭泣自我释放，并向那些曾经对我们很好、同一个"战壕"的女性寻求支持。让女性盟友，至少在无形中，分担受伤女人的痛苦，在这一过程中受伤的女人也会成为同盟的一员。

劫后余生，要努力燃起生活的斗志，让一个拥有健康人格的人带领你重获希望、拥抱新生活。

原谅自己，学会和自己和解，鼓励自己追求新的体验。

我们正在做心理建设，向一个永远不会再出现的女人告别，但这并不意味着她会变得更糟糕。

她只是将有所不同，我们的任务是看到这个女孩获得新的人格，认识到她曾经的稚嫩天真为她在心理救赎方面做出的贡献和价值，认识到过去的她的闪光点，并请她把温柔、脆弱还给过去，明确曾经的那个女孩如今已经可以在需要的时候保护自己了。

"狼"进入我们的生活是有原因的，他们的任务是引导我们走向成熟，认清血淋淋的现实，打破我们天真的幻想。

练习

做心理建设工作的目的是再一次认识自我，发掘潜在力量，获得那些能够帮助我们强大和变得与众不同的资源。你"之前"是什么样子，"之后"又变成了什么样子？你在这个事件中学到了些什么？你是如何应对失去的？这些问题几乎只是一个测试，如果你对所有这些事件的反应是贬低、痛苦、攻击自己，那么你可能需要帮助才能应对这些事件。你一个人也许无法搞定这些情况。

第五十七步　为不合适的东西起个正确的名字

我们将不再赘述所有的启蒙事件。我们的任务是对一些最常见的情况进行反思，让自己得到救赎，取得一个圆满的结局。在经历过这些事情之后，我们要让自己重新振作起来。

我们应将那些还在伤害着我们自尊、破坏着我们身心的毒瘤切除干净，让自己获得解脱。最后，把这些发生在大多数女性生命旅程中的事情记录下来。

我避开了那些对女性灵魂来说过于痛苦的话题，让女性认识到自己在孤立无援的情况下经历了这些创伤；我不能让我的文字对女性创伤的心灵造成二次伤害。我不能那样做，也无权那样。我甚至意识到，如果知道在这些情况下我们不是唯一有这种感觉的人，那么对许多人来说会很有疗效。

我将重点介绍几种最常见的情况。

- 虐待；
- 依赖关系；
- 背叛；
- 离婚；
- 患病。

让我们从女人生命中最常见的"狼"开始。据我所知，许多女人有过这种遭遇。让我们委婉地把这个人物称为"不合适的人"，他可能是大男子主义者，也可能是当地的恶霸罪犯，或是一个朝九晚五的小职员，也可能是一个老酒鬼。在现实生活中，他可能没有任何人格类型的诊断记录。或者他可能是一个虐待狂，一个自恋者，一个精神病患者，一个精神分裂者，甚至是一个歇斯底里的人。重要的是，他热情地闯进了一个女人的生活，他就是导致一系列后果的那条"狼"。他羞辱、贬低、欺骗自己的女人，对这段关系毫不上心，同时也不让女人脱离他的魔掌。他想放手，或者说就没想过要保持长期关系，但是没有哪个恋爱中的年轻女孩会放过不要她的人，她会追上他，向他解释和自己在一起的理由。最后，她会再次追上他，试图修复关系。

我当然对这些特殊激情有着深刻的分析和理解。心理分析学家指出，我们只选择那些已经存在于我们心里的人，那么那些人会是谁呢？是的，当然是我们的父母。关于父母，他们在我们心中的理想形象是怎样的？我相信我们选择的人是他们的最佳版本，是他们的一个完美替代品。但在现实生活中，我们可能会一次又一次地选择他们的黑暗版本。对于那些不被关心，遭到忽视、羞辱、残忍对待，并被贬低过的人，我们不会放走他们。一方面是因为在与这类人物的关系中，我们是熟悉的，可以相互理解彼此；另一方面，最重要的是我们需要这类人，以便最终将不受控制的父母解救出来，重新获得对父母的控制。"我当时没有成功，但如果我现在努力的话，我可以做到。"我们需要与对的人斗争，双方相互作用，发生碰撞，以此完成我们在童年时期未能完成的事情。

但我有一个更简单的解释。我们只是年轻、愚蠢、自恋和充满激素。我们喜欢斗争或征服，在人类情感的极端点上跃动，就像爱情歌曲的开头那般，若不是这样，那将是无趣的，很多女孩年轻时都必须发生这样一个不正常的故事。

女人在第一段关系里摔得头破血流，在随后的两年时间里，关系会消散，她开始失眠。最后，她用四年的时间治疗自尊心……

我的观点是什么？常态是一种奇怪的东西，它令人难以捉摸，但在某种程度上是令人向往的。"通常这种常态下的能量仍然不够强大，不足以将你我的内心戏完美演绎！"更准确地说，我们有时可以承受一段特别的情侣关系，尽管它是不健康的；有时为了打发因无聊而引起的紧张情绪，我们并没有认真。

让我们把注意力集中在虐待关系中的"狼"身上。简而言之，就是关注这只有毒的狼。

他咬在了哪里？在我们的自尊和我们的价值核心上。

他教会了我们什么？那就是我们有权相信自己，随时随地选择自己。

这门课的代价是什么？我们将经历羞辱、贬低、身体虐待，失去自我信任。

现在再详细介绍一下。我是将虐待行为的外部表现和受害者的内部经历结合起来进行整体理解的。施暴者的外部行为可以是任何形式的主动或被动攻击，其目的为征服、控制或掌控对方。

而结果是，受害者自尊受损，对自己失去了信心，并对一切事情，甚至是好事也产生了病态的羞耻感和内疚感。

当你和一个男人约会时，你可能突然觉得你不是自己。我的意思是，你感觉到你正在失去你的头脑。你被日复一日地告知，你思考的方式不对，你的灵魂感觉不对，你的神经反应不对，这不是你应该有的样子。

一个男人每天都在告诉你，你有问题，你的感觉和认识并不是真的。

- 你太情绪化了；
- 你太理性了；
- 你太爱吃醋了；
- 你太随性了；
- 你太胖了；
- 你太活跃了；
- 你太懒了；
- 你太健康了；
- 你太奇特了。

是的，下面这些正是你的反击："我是有不足之处，但我本不是这样。"渐渐地，你的意识中充斥着第二种猜测，你不相信自己，不相信自己的感觉、想法、判断、感受、经验。这似乎是焦虑的信号，而你最亲近的人会说："哦，真的？别闹了，别歇斯底里了！"或者你觉得这是欺骗，他们说："你疯了，你在胡思乱想。"而且你总是试图在外面找到你的位置。无论如何，你都不能准确而委婉地向自己确认，你不是在做白日梦。

你觉得一切都对。这是一种可怕的经历，你的感官已经疯了，不能信任它们。每天都有亲人向你灌输理念，认为你的传感器发出了错误的信号，他们会对你说"不要编造""不要激动""不要担心"等。

陷阱就是，如果保持这些关系，那只会有一种情况，那就是你越陷越深，并体验到自己的不正常。你将越来越多地关闭你的"感性"通道，减少经验和直觉的使用，越来越少地对焦虑做出反应，而这种焦虑指引着你，提醒你是时候摆脱不健康和精神上危险的状况了。你会多次试图向对方证明，你没有什么问题。这个游戏是一个失败的游戏，而唯一的胜利是及时逃脱，并承认它。也许在外界的支持下，你的一切都还会是正常的，只是你周围的环境不对劲。你感觉很好，你得到的信号是正确的，别人为了自己的利益试图让你发疯，而你实际上很健康，尽管你已经对此失去了信心……

事实上，在经历这样的关系之后，你需要很长的时间把自己重新整合，以重新获得一些信心并了解自己，因为一切都在与施暴者的主动或暗中争斗中失去了意义。如果侵略是被动的，那你将特别难脱身，这是很难把握的。此外，对伴侣的潜在攻击性的任何反应（讽刺、嘲笑、贬低、无视）将反作用于我们自己。我们再次发现自己在自责，并且这种错误的自责越演越烈，这正是施暴者想要的，他们想要借此来控制我们的想法、感觉和行为的自由。

　　在某些时候，我们不再知道自己是否正确理解了现实，割裂感由此产生。我们对自己的看法已经通过一个有毒的镜片折射出来，我们开始用怀疑、判断、攻击和惩罚等方式来摧残自己。我们用施暴者的评价来代替我们对自己的理解，而在他身边，在他的影响下，我们几乎不可能恢复对自己的正确态度。

　　这就是为什么我们应该保持一定的距离，然后通过修复思想和情感的信任功能来恢复我们的自尊。我们首先要逃离，然后要医治自我。否则，一切都会像握不住的水一样从我们的手指间流走。

　　我们逃离虐待关系，且通常会经历痛苦和羞耻的折磨。我们陷入矛盾的怪圈，责备自己陷入这样的故事而不能更好地应对它。我反复强调，我们不能这样做，这样只会越陷越深。通常来说，我们根本不了解自己的情况，不知道什么是可以的，什么是不可以做的，而这正是遇到一只狼的意义所在，方便我们一劳永逸地做个了断，在教训中找到迷失的方向，了解什么适合我们，什么是"生命中再也不能犯的错误"。我们不是第一个走到这一步的女性。最重要的是要在结束的时候明白一切，注意到另一方对我们愿望和需求的漠视，对我们"不"的漠视。我们要学会认识这一点并活学活用，以便下次我们一开始就告诉自己："不，等等。我以前在哪里见过这个，我不想再检查了。"

练习

　　为了区分误解关系和虐待关系，我建议你做个测试。回答下列问题，并计算答案为"是"的数量。

　　• 当与你的伴侣交谈时，你是否害怕大声表达你的想法、欲望和恐惧？

　　• 你的伴侣是否有不可控的攻击性挑衅？

　　• 你是否经常发现自己感到内疚和抱歉，即使你知道自己并没有做错？

　　• 你的伴侣拒绝承认你的长处并贬低你的成就？

　　• 他是否对你说过伤人的话，同时把这些话伪装成笑话说出来？

　　• 他是否对你的每个过失都以情感上的冷淡、漠不关心、忽视或愤怒作为惩罚？

　　• 你是否觉得你的愿望、感受、需求被忽视了？

　　• 你是否有这样的感觉：在与伴侣沟通时，在按某些规则行事时，你并不总是完全理解这些规则？

　　• 你不知道你们未来的关系会发展成什么样，以及会出现什么情况？

　　• 你是否觉得自己在某些方面处于不利地位？

　　• 你是否受到了无端的攻击、骚扰，甚至注意到自己被跟踪，包括在网络空间里？

• 你在与伴侣交流时，是否经历过无法解释的不适（冷热交替、四肢刺痛、腹痛）？

• 你是否注意到，自从你与这个人亲近后，你生病的次数就变多了？

• 即使你的伴侣在伤害你，你也会为他感到难过吗？

如果有 1 ～ 5 个问题与你的情况相符的话，那么你所处的关系可能是带有虐待性的。

请咨询专业人士，以便确定自己的情况。

如果相符的答案在 6 个及以上，那么你们之间的关系是虐待性的，这种关系会毒害你的生活。请立即咨询专业人士，采取行动摆脱关系。测试得分越多，你的情况就越危险。

第五十八步　摆脱糟糕的关系

重要的不是离开羞辱你的人，而是离开能接受这种羞辱关系的自己。

摆脱与"不合适男人"的关系，这是独一无二的启蒙性事件。我们都可以进入这种关系，但要设法摆脱它，不要被它伤得遍体鳞伤，也不要在这种关系里徘徊。

真正的壮举，就是在一段关系中去找那个狼，然后走出去。在这之后，你可以完完全全、真真正正地成为一个勇敢的女人。在我看来，这几乎是对健康女性气质的快速测试方式。你可以带着伤痛走出去，但要"维持平衡"，评估好这份伤痛的威力，不要把它当成一个错误和意外。

与狼的关系是一所学校，与其交往的过程中我们能学到很多东西，但它并不总是安全的，这是一个毋庸置疑的事实。如果你能从关系中健康地走出来，那么你完全可以写本书或开课了。不要拒绝这份工作，你甚至可以靠版税养活自己。一般来说，你最后从狼的身上总是会得到一些好处和经验。

觉醒是为了进入另一个层次。如果你努力不陷入这种诱人的关系，或者迅速摆脱这种关系，那么将带来相当大的转变。你完全知道什么是对与错，显然你是在经历现实的考验并正机智地优化着你所处的环境。你懂得自重自爱，对于伴侣有选择和拒绝的权利，来去自由。

你的女性"感性"是站在你这边的，你可以到荒野中去，回归自然的野性。而在一个女人的生命之初，到处都是荒野，到处都有"狼"的存在，他们对于你来说都是"不适合的人"，只不过不合适的方面各有不同罢了。有时候在青春期，你别无他法，只能被"浪漫"的吹捧轻易诱惑。

而在觉醒后的过渡状态[①]中，你能看到事情的本质并做出正确的选择。此时，大灰狼戴着帽子躺在那里，他假装成小红帽祖母的样子。给自己一点时间仔细思考，相信自己的感觉吧。用眼睛看，用耳朵听，用心感觉。

第五十九步　摆脱依赖性，拥抱独立性

在上一个步骤中，我们谈到了情感（甚至是身体上的）虐待、压力、控制，它几乎发生在每一个小红帽的成年早期。那时我们对自己的了解还不够多，我们往往会把奇怪的东西误当作爱。作为成年人，我们在不断经历、尝试，最后得出结果，而这些奇怪的感情和关系并不属于爱的范畴。还有一个被奉为经典的事件，它几乎同时也是一个是强制性的成年启蒙经历。如果你好好分析这段过往，捡起从我们身上散落的碎片，便可以重新组装起一个更美丽的自己。

这是一种令人上瘾的关系。

对方阴险的狼，他假装成安全的存在，牢牢地把幼稚的猎物置于自己的魔爪下。

他会咬在哪里？他将咬中你力量和能力的核心，一招毙命。这样他才能生存下来，避免消失。

---

① 心理学术语，其与实体状态一起构成人在清醒状态下意识流的活动状态。心理学家认为，人的整个意识活动由这两种状态不断交替组成。该状态指人觉察不到的、由一种意识状态向另一种意识状态过渡的心理活动状态。相当于"鸟之飞翔"状态。——编者注

他教会了我们什么？那就是保持独立，承担责任。

我们的代价将是什么？蹉跎了岁月，自我认知空空荡荡。我们将奔波拼命，想被人看见、被人认可、被人喜爱，我们并没有意识到自己的任何问题。

这样的关系可能根本不是虐待性或毒害性的。而我们的伴侣可能一点也不坏，或者没有错。错的是我们紧紧抓住那个人，在这一过程中失去了自我。我们的自我被另一个"我们"所取代，被"没有他我什么都不是"和"没有他我就没有理由活着"的想法占据。这是一种被逐渐吸纳或瞬间落入的关系，随后成为我们不舍得抛弃的珍宝，以至于我们不再看得到自己，不再关注自己的生活。这是对自己责任的完全放弃，也是一种无法摆脱的状态。同时，这也是一种救赎，我们通过关系思考自己的价值。这些关系对于你我可能是沉重的束缚，但如果没有它们，我们只会更加痛苦。除了与自己独处，其他的任何事情仿佛都可以忍受……

在某种程度上，我们都容易产生依赖，但也有一些人不会选择任何关系，仿佛只有依赖性的关系才符合她们对无条件美好爱情的想象。在这样的爱情关系里，她们并没有任何独立性和独特性可言。在磨合和改造对方的长期过程中，一方试图掌握控制权，把另一方变成一个听话的孩子，或是无论如何都顾及自己理想的家长。

为此，我们准备好拯救、治疗、用爱治愈。是的，这也是一个可以追溯到童年的故事。依赖成瘾的人害怕独自面对生活，但她们会选择机会独自生活。在现实生活中，有依赖成瘾的小红帽可以在疾驰中把马勒住，可以独自应对小屋中的大火，她们也相信有人会把她们从孤立无援中解救出来。

在找到那个人时，她终于可以变得渺小，就像她可能从来没有过一样。因为她被迫过早地长大了，带有依赖性其实是实现了她婴儿时期的一个梦想，即能够找到一个成年人来保护小红帽，让她逃离自己是成年人的现实。如果她选择了一个普通的、值得信赖的成年人，既能缓解压力，又能为她提供庇护，那一切就变得轻松了。

"每个大灰狼都有自己的兴趣所在，一些只对小红帽的身体感兴趣，一些关心的是篮子里的馅饼，另一些只是想找一个好旅伴，跟着他走出丛林，回到人们身边。这个世界存在各种各样的狼。"

小红帽能把那个想逃出森林的大灰狼带出去，并把他变成正常人。依赖性是什么，就是人们融入"迫害者—受害者—拯救者"组合，每个人心中都有一台三角剧，并在三种角色中不停地切换。小红帽起初似乎是一个不幸的受害者，在残酷的世界里受苦，她策划了木头人对狼的攻击，最后，小红帽用鸡汤喂养狼，让他活了下来。在依赖关系中，除了遵守卡普曼（Karpman）的三角定律，仿佛没有其他方法。小红帽在两个极点之间摇摆，她一边是渴望得到帮助的小女孩，一边是因缺爱而发动惩罚的迫害者，最后是狼的灵魂的拯救者，她认为狼的灵魂只是暂时迷失了方向……

我们想要爱，但我们却选择了冷漠的、没有感情的伴侣。

我们想要亲密关系，却选择了那些没有能力给予的人。

我们想要诚实和真诚的关系，但我们一次又一次地选择病态的骗子。

我们想结婚，但我们和已婚人士相遇。

我们选择那些我们自己知道不适合我们的东西，把它们带入我们的生活。然后我们热情地与它们建立关系，以便重新改造自己，获得我们迫切需要的东西。而我们能做的就是靠边站，无力地承认："就这样吧，我没能成功，我要到外面的世界寻找适合我的东西。"这样的依赖关系建立在两个支柱上，即"弱者的捷径之路"和"强的一方深爱着，可以为另一方做任何事情"。

依赖性关系让人筋疲力尽、心力交瘁，而我们往往要走到最后，才能看到某个地方有一扇写着"出口"的门。当然，通常情况下，依赖性关系和治疗师的门差不多在同一个地方。处理依赖性关系的问题涉及很多话题，我们几乎不可能一蹴而就地解决。但在任何情况下，对于陷入依赖性关系的女性，我们都会把工作的重点放在加强她的自主性上。

我们的工作是帮助女性掌握自己的力量和能力，以应对生活。

我们自力更生，努力解决女性此时此地面临的问题。

我们把责任和权力的中心交还给她。

我们关注她的生活，思考她能为自己做什么，而不是为别人做什么。

我们帮助她与自己和解，不再因不愿拯救一次又一次陷入困境的亲属而感到内疚等。

正如你们可能看到的那样，所有这些游戏再次将我们引向与年龄相关的离别任务。我们可能已经离开了父母家，甚至跑得很远，但是这种将自己与人联系起来并热情地与他们建立关系的模式仍然是试图以一些借口让父母回来。这一次，你是拯救者，是迫害者，也可能是受害者……

练习

无论你是否已经脱离了依赖性关系，接下来的任务都不会伤害你。

一个依赖患者总是用依赖性的对象来填补他生活中的空虚。他郁闷、孤独，生活很无聊，没有一丝色彩。而他应对的方法是选择食物、酒精等，或进入一个能令他肾上腺素爆表、情绪波动变大的关系中。

如果我们想帮助自己走上独立的道路，我们需要这样做。

• 负责任地组织好我们自己的生活；

• 填补情感和身体的空白；

• 找到要做的事情并坚持下去；

• 培养意志力，这对依赖患者来说很难，但他们没有其他选择。

有时，似乎必须发生奇迹般的转变，我们才会神奇地不再被我们的依赖对象吸引。但这是一种幻觉，靠天天会塌，靠山山会倒，我们只能靠自己，没有其他的力量可以把我们拉出来，也没有其他选择帮助我们填补生活的空白。

如果这与你有关，请列出 10 ～ 20 项对你来说重要、必要、有趣、有用的活动。

制定一个时间表，咬牙坚持下去。充实你的每一天，找出你最郁闷和最孤独的时候，计划一些事情来填补这些艰难的时间。这并不容易，但你所付出的努力会增加你的自信心，提高你的自尊心。之后，你将形成一个更健康的习惯，即自己负责自己的生活，而不期望别人为之负责。

第六十步　培养自尊心

我常常听到女性说："我害怕和他分手后，我会很孤独，我找不到新伴侣，无法建立新的关系，我不想再有任何关系。"

现在的我越来越认为，这实际上是女性告诉我："我不相信有人想要我"或"我不确定我是否值得与任何人建立关系"，而这真的很悲哀。当小红帽走在森林里时，她相信没有人会喜欢她，也没有人会选择她，哪怕是一只最蠢的狼都有很大的机会将她捕获。为了几句恭维的话，为了维持自己的自尊心，她会美化现实，将狼美化成一个真正的王子。

一段时间以来，我都不喜欢说自己"自尊心差"。让我们把它称为"脆弱"，好吗？

自尊心使我们对自己在他人眼中的价值缺乏安全感。同时，我们一般不倾向于依赖现实，也看不到周围可能对我们重要和有价值的人。我们认为自己非常坏，把拒绝我们的潜在愿望归咎于世界。出路只有一个，那就是在我们的自尊心上下功夫，下面让我讲一个非常有趣的故事。

玛莎·特劳布（Martha Traub）有一部很好的短篇小说，叫《醉酒的小体鲟》。在我们如何追寻正常的女性身份方面，这本书非常有启示意义。我们几乎都是从同一个点开始，经历了调整和顺应的必经阶段，然后走出去，在某个地方安顿下来。

故事开始了：有这样一个女孩，她很年轻，年轻到在面对一段关系以及她应该如何对待关系方面一无所知。因此，她同意与丈夫异地生活，并开始往返两地探望他。起初女孩还比较开心，后来情况变得很糟，因为没有女人喜欢坐飞机奔波。好吧，女孩的压力越来越大，越来越大，她的丈夫还要求她去的时候给自己带一个活的小体鲟。

嗯，这似乎并不困难。她只须把它活着带去。他给了她一些建议：你在来的途中应该把小体鲟浸泡在伏特加中。她买了一瓶伏特加，然后把酒倒进一个装有活鱼的袋子里。女孩去了机场，在那里，她感觉小体鲟已经恢复了知觉，她感觉鱼在扑腾着身体。女孩只得带着鱼躲在厕所里。然后她发现，自己不知道如何做才能把鱼灌醉，让它安静下来。女孩试图把伏特加倒进鱼嘴里，而鱼呢，自然而然地把酒给吐了出来。有个女人从大厅里走过来，走到女孩身边说:"谁会像这样把鱼泡在伏特加里?你必须把酒倒在鱼鳃上!"她接过酒和鱼,麻利地把伏特加倒在鱼鳃上。

在卫生间里,我们这位女主角的自尊心受到了打击。她羞愧难当,觉得自己是个毫无用处的傻瓜,想要用头撞墙。因为她突然意识到,世界上每个人都知道如何用伏特加把鱼灌醉!只有她,像一个傻瓜一样,连一条鱼都对付不了。此时,女人的灵魂在呐喊:"周围的人都很正常,他们有生活的智慧,每个人都很清楚自己应该怎么做,只有我,像个低能儿一样,只会在两个城市之间穿梭。"她喝下伏特加,跑向飞机。

在那里,同样的状况又上演了!空姐立刻意识到有东西在行李架上跳动,并再次用商务舱里剩下的库存伏特加麻醉鱼。我们的女主人公终于确认了这样一个事实:除了她,每个人都非常正常,她蜷缩在座位上,喝完了同舱乘客给的威士忌。最后,她醉醺醺地倒在丈夫的怀里,自尊心被撕得粉碎,对怀中的鱼儿依依不舍,因为这是她历经重重困难为丈夫拿来的东西,她将其视若珍宝。当然,这个男人对女人一路的遭遇并不感兴趣,他不知道女人身心遭受了多大折磨,他只知道他想要的鱼已经到手了。他盯着她,什么都不明白。就这样吧!飞机落地了,鱼也安静了,女人已经走上了独立的道路。

首先,我们应该让男人知道,我们和其他人是一样的。

其次,我们对自己一无所知。

当我们发现自己处在一个不合适的位置时,我们仍不相信自己的判断。

　　然后，紧张感逐渐增强，我们甚至因为麻醉一条鱼的问题认为"所有人都很好，只有我不够好"。其实，当我们同意开始一段不适合我们的关系时，在这段关系里，我们肯定感觉自己做得不够好，自尊心将不由自主地受到影响。

　　在此之后我们会回过神来，把自己从这种自尊受到影响的地方拉出来。而这既成为创造自我的手段，也成为创造自我的结果。很少有人以其他方式做到。

　　总之，她甩了他。

练习

　　我写了一本讲述脆弱的自尊的书。这是通往自恋型人格世界的秘密之门。我在书中告诉大家脆弱的自尊是如何形成的，以及你可以做什么努力修复它。当我们为自己设定这样的任务时，我们应当有以下做法。

　　• 把注意力从外部评价，对别人抱有期望和渴望得到回应转移到自己身上。我们把自己放在我们兴趣和探索的焦点上，我们用和自己有关的知识来充实自己。

　　• 学会注意我们为实现目标而采取的每步，无论我们对自己的评价如何，都要认识到付出的代价。

　　• 观察并停止习惯性地贬低和自虐。

　　• 放弃将自己与理想人格进行比较，不要求自己有完美的结果。

重要的是，要建立一个更可持续的机制来加强自尊，如果不往储蓄罐里投些东西，那么这个储蓄罐就无法被填满，而我们所拥有的东西就将不断地被当作零用钱扔掉。如果我们通过采取实际行动克服身上的冒名顶替综合征、消极懈怠和拖延问题，我们的自尊将变得更加强大，我在书中也详细谈到了这一点。

你需要一步一步地实现目标，致力于那些对你重要的事情。不要羞愧和焦虑，采取小步骤的行动，这将有助于你建立更大的信心。

第六十一步　熬过背叛

叛徒可以是任何人。当然，最常见的是我们所爱和关心的人：男人、亲戚或者女性朋友。通常情况下，我们会在某一刻突然发现这个人不对劲，他会危及我们的关系。

背叛是可怕的狼。

他深深伤害了一个女人的灵魂，让她失去安全感和对人的信任。他伤害了女人的自尊心，让她有了一道难以愈合的伤口。这种痛苦是破坏性的，直到我们能抹去它，痛苦才会停止。

背叛教会了我们什么？那就是要谨慎选择，相信自己的感觉，对与谁分享自己的生活负责。背叛带来的教训还有：成年人的世界真真假假，不是所有人都是好的，我们有时需要付出巨大的代价才能看清现实。

代价是什么？代价就是心碎。你会失去对人的童心，但为了未来，你可以小心地把碎片粘起来，收起天真，负责任地寻找值得信任的人。如果你设法在创伤的废墟下找到背叛留下的礼物，那么我想做的最后一件事就是把背叛这个词扩展到所有的情况下。

我们倾向于把那些以我们不喜欢的方式行事，或不服从我们的人称为叛徒。请相信，这种情况确确实实发生了。我希望大家明白我们到底在谈论什么，明白我说的话。

真正的背叛来自我们最信任的人。它颠覆了我们的世界和对人的看法。当然，人们会在某个地方欺骗、诈骗和利用我们，这一切离自己这么近，但我们从未想过这样的事情，我们认为它不可能发生在自己身上，而在背叛被揭穿的那一刻，地面从我们的脚下陷落，空气消逝，痛苦是如此强烈，并淹没了我们的整个身体。我们立即沉入无知觉的状态，我们的防御措施将我们从不可容忍的状况中拯救出来。

他／她怎么能这样对我？

当他们这样做的时候，他／她的感觉如何？

我现在怎么生活，怎么再信任别人？

这些问题不断地响起，我们感到胸闷，头嗡嗡作响，无语凝噎，而被践踏的灵魂无法找到答案。这种熟悉的生活图景的崩溃将伴随着自尊的破碎，呈现在我们眼前的是一个女人发现自己的画面。顺便说一句，表面上女人已经贬低了所有，但在她的内心深处，这一切成了扼杀生命之流的肿块，在感情上扼杀了她再次与人亲近的愿望。

  一旦我们遭受了痛苦，

  我们将非常害怕新的爱情，

  以至于为自己的灵魂套上枷锁。

  很少有人能把某一现象说得如此贴切和富有诗意，一针见血地指出背叛的危害。有时我们躲在防弹衣里，或者藏在玻璃后面，对周围人不可见，只为避免再经历这种痛苦，我们将自己与任何潜在的关注或关系都隔离开来。

  当然，也存在各种补偿过度的情况。在遭到背叛后，我们四处奔走，向不同的人证明我们不是可以随意被抛弃或交易的人。我们急于做出成就并打破纪录，试图借此来消除自恋对自己造成的伤害。

  之所以与背叛相关的主题研究起来有难度，是因为这只狼同时在几个方面伤害了人，使受害者受到以下损失。

- 对人的信任受损；
- 经历失去；
- 自我价值遭受打击。

  我们应在亲密关系中感受自己的脆弱性。要认识到，如果不放开或信任对方，就不可能进入其中。要相信，信任是人类的需求。我们这样做并不是因为我们蠢，而是因为想要信任和给予信任完全是正常诉求；要把背叛的责任还给做这件事的人，正视他的道德和个人特点；要体验所有应该有的感受，暴怒、愤怒、复仇、痛苦、怨恨都是合适的。只有向内的愤怒，也就是针对自己的愤怒是远远不够的。我们应不以早期的自恋欲望来打断这些感受，原谅背叛我们的人；写信给那个背叛我们的人，就算把这些信堆在办公桌的抽屉里，也表明我们有权谈论背叛者所做的事和他对我们造成的伤害；祭奠失去的东西，比如希望、信任、安全感、关系、自我价值等；紧紧抓住那些爱你的人和支持你的人；将没有改变的现实与我们对它的幻想区分开来；不要贬低和打击做这件事的人；找回正常的自我，像一个普通女人一样满怀期待，顺其自然；宽恕自己的过往。

如何避开背叛不是最重要的，最重要的是我们经历过背叛之后获得应对的能力。

以背叛为主题的心理建设不仅让我们从孤立无援的状态中再次走出来，还使我们再次有能力面对他人，并始终如一地拉近了我们与普通人的距离，没有一个人能够幸免于难。

我们失去了自恋的幻想，认为如果我们能预见一切，那就不会有人对我们造成如此大的伤害。我们接受这一事实，在这个世界上，并非所有人都是善良和安全的。但对于有些人，我们凭借经验和敏感的灵魂，会选择再次与之交往。

第六十二步　遭遇背叛后，重建你的女性魅力

也许我们应该将不忠放在另一个步骤中探讨，因为它对于女

性来说是一个非常痛苦的经历。它击中了我们的女性价值核心，我们原来可能对自己不够自信，但经受背叛以后，我们往往失去自我。有时正是在这之后，我们陷入冻结反应，蜷缩起来逃避关系，扼杀对男人的行动。或者我们开始把我们的愤怒、怨恨、仇恨、厌恶发泄在他们身上。我相信，在丈夫有外遇后，女人的内心会很痛苦，以至于在精神上无法忍受与第三者接触，她只能用行动来惩罚第三者。

我不知道有哪个女人能轻而易举地克服出轨问题。有些人在受到严重创伤后，会选择自我封闭，不再接受痛苦的事实。我们可以这样认为，这样的女性因为曾经遭受暴力和背叛，她们不会再被任何背叛触动。我非常同情这种遭遇。

我周围的很多人都会受到伴侣出轨的影响，他们心里就被像压路机压过一样，生活的许多方面都受到了影响。基本上，被背叛之后，我们失去了安全感，不再信任男人。我们失去了关系，以及与之相关的所有希望。我们被压垮了，对下一步该做些什么感到困惑。愤怒、怨恨、羞愧和内疚像魔鬼一样吞噬着我们的内心。

我们攻击自己，因为没有醒悟，不甘心，不愿意相信；

我们感到羞愧，因为人们会觉得，是因为我们的错，他才选择了别人；

我们感到恼怒，想要报复、得到赔偿和发脾气；

我们假装镇静，试图挽回面子；

我们为自己对出轨者仍有感情感到内疚，既然他们这样对我们，我们也想立即消除对他们的爱；

我们试图迅速贬低这段关系的价值，这实在令人难以忍受。

一个女人在遭受一次背叛后，发现自己的女性特质受到伤害。开始更加怀疑自己，怀疑自己是坏女人，甚至不是真正的女人。而在某个地方，有比我们更好的女人，我们的伴侣被她们吸引了。这种想法几乎不可避免地反复折磨着我们，我们甚至可能开始向自己（不仅仅是自己）证明，我们没有什么问题。我们振作起来，跑到理发店，把头发剪掉，或者把头发接起来；我们购买漂亮的内衣和红色的唇膏；我们想起那些高跟鞋和裙子，穿上它们，就能更快地恢复我们的女性魅力和自信。

相信我，这是个更有效的方式。相反，我们蜷缩封闭起来，那就更危险了。这表明我们已经停止了心理进程，封锁了它们，不允许它们正常地运行。如果有地方放空和获得慰藉，一切都会好起来。如果没有朋友的"他是个混蛋，这样的一百个也好找"这样的安慰，而是有机会哭泣、愤怒和歇斯底里地宣泄情绪，那么一段时间后我们就会恢复正常。

遇见背叛的狼是非常痛苦的。但同时狼也会说："欢迎来到成年人的世界，宝贝。这里就是这样，这不是你的错。而且你是什么样的女决不是由你的伴侣来决定的，即使他背板了你，也与你自身无关。即使在他伤害了你之后，你仍然活着，你还是你。用自己的方式找回本我，并将你的自尊心从这个男人身上取回。这的确很难，但你将有一种丰富的、真实的生活，那里唯你为尊。"

在欺骗和背叛的问题上，我们将我们的纯真抛在脑后。而这种损失有时是如此可怕，残酷的真相与之前的温馨画面形成的反差令人难以忍受，以至于你不愿再回忆和提起它。

一个女人如何失去她的纯真？

不是和一个浪漫的男人，

享受烛光下晚餐，喝着香槟酒。

不是在美丽的音乐中，

也不是在系着蝴蝶结的红色玫瑰散发的香味里。

随着丈夫的背叛，

随着父母的去世，

随着孩子们离开，她面临分离的痛苦，

她的纯真被粉碎。

而随着爱情的丧失，纯真也随之消失。

一个女人的心必须变得沧桑，才能忍受在别人的生活中不被需要。

而经历过的人都知道，

从绝望中走出来是多么困难。

忍受这种失去小我的痛苦是多么艰难。

昨天你已生出翅膀，

而今天的你却又趴在地上。

而且仿佛只有两个极端，

要么女人仍是一个无辜的女孩，充满了希望；

要么成为一个灵魂被烧毁的老妇人，

但事实并非如此。

总是有一个中间地带：

纯真已逝，苦涩却在流泪，

愤怒在沸腾，但女人已经有了应对的方法，

女人有梦想，但没有幻想。

她没有变强，

没有变得更聪明、更干净、更快乐，

激发纯真的精神极端已经不复存在。

女人已经放弃了老妇人的绝望，

给自己留下了稳定和希望。

自己来吧，尽管这很痛苦……

练习

　　每个女人都问过自己："没有男人我将何去何从？"关于这个问题的思考，有些女人是出于对自己未来的思考，而有些女人则是在男人不忠并抛弃自己之后被生活所迫的思考。男人的离弃似乎也把一个女人的价值带走了。而女人必须做她们不喜欢的工作：独自寻找"我"。我们喜欢自己的什么？我们的特点是什么？是什么让我们在其他人中，特别是在女性中独树一帜？

　　也许，我们可以从我们的女性朋友、心理医生、女

性群体那里寻求答案。在任何地方，我们都可以将自己
当作活生生的、不完美的、背后有复杂故事的女性。不
觉得自己是个被抛弃的人，而是一个有故事和生活经历
的女人，这些过往将我们推向更远的地方……

第六十三步　离婚和生活

我明白，离婚既可以是创伤性的，也可以是解放性的。但无
论如何，这都是女性生活中的一个重要事件，它启蒙了许多事情，
改变我们的不仅仅是我们的婚姻状况和地位。有时，我们整个生
活的背景发生了变化，在这种情况下，我们没有伴侣，没有支持，
没有关系，拥有的是负罪感，还有孩子。再一次，同样的事情仍
然可以带来巨大的幸福，但关于这一点，以后再说。现在，让我
们来谈谈离婚这个创伤性的事件，它确实经常发生。

当进入一段关系，特别是说婚姻关系时，几乎每个小红帽都
会在内心勾勒一幅有爱的画面，憧憬未来，她会在她希望的形象
上投入很多努力。而这些想法往往是如此强烈，以至于她在选择
伴侣之前，这些想法就已经开始引导她了。

几乎每个女人的人生图景里都藏着"结婚、离婚"的故事。
当然，我们都渴望长期、稳定、友爱和相互关心的关系。我们相
信自己可以做到这一点，即使父母的爱情没那么完美。有时，我
们觉得父母没做到的，我们可以，而且对此深信不疑。

即使如此，当关系崩溃时，我们也会经历内心的启示：绝望、愤怒、沮丧、痛苦、内疚、迷惑等。我们发了疯地试图重建一些东西，但在接缝处又出现裂缝，最后分崩离析。最后，一个女人还剩下什么呢？她又一次失去了关系，并为彻底的失败责备自己。离婚不单单是失去了伴侣，更是失去了正常和良好的形象。与其说是婚姻崩溃，不如说是自尊心被打碎。我们常常从婚姻的废墟下爬出来，有一种"我是个失败者，我失败了"的感觉。在那次经历之后，认为"我现在绝对是一个二流的女人。"不幸的是，这并不是一两个案例，而是离婚对女性自我意识造成的典型后果。

在下面这些情况下，不可避免地会出现一些问题。

- 事情是什么从时候起出错的？
- 我的错是什么？
- 为什么我不能预见／影响／纠正它？
- 为什么我这么傻？
- 我为什么这么关心他？
- 爱去哪了？
- 他怎么能这样对我？
- 怎样才能重新开始呢？
- 怎样才能不再犯错？
- 我还能再相信男人吗？

除了离婚带来的羞耻感，第二种最强烈的感觉是内疚感，它将长期伴随着我们。因为我们做错了事情，用错了方法，在错误的时间做得不够或做得很多，并没有改正或者还没有尝试。如果我们是分手的始作俑者，那难免会因伤害了伴侣而感到内疚，在孩子面前感到内疚，并承担关系破裂和婚姻失败的所有责任。我们在脑子里一遍又一遍地回放整个事件，试图找到能避免悲剧发生的时间点。我们责备自己，因为我们错过了时机，无法挽救这一切。我们再一次相信，都是我们的错。

当然，如果离婚是由伴侣提出的，那么所有与背叛相同的感受都是不可避免的。也许没有那么强烈，但仍然是典型的：伤害、被抛弃、不受欢迎。我们再次感到羞耻和内疚、愤怒和怨恨、失去和悲伤，我们还有想要挽回的欲望、证明的欲望和后知后觉的复合欲望。而为了让自己变得不同、更好、更有趣、更美丽、这些都是可以理解的，也是合理的。

这是对我们一般自恋的严重挑战：无论我们如何努力、如何美丽，也要接受对方可能不会选择我们的事实。这种行为不可避免地伤害了我们，使我们怀疑自己，让我们体验绝望的深渊，而我们自己无力改变它。这就像一幅画，一个非常小的孩子站在门前，拍打着门，要求我们让他进来，给他一个机会，但我们拒绝了。我们被迫在无助中后退，从愤怒和幼稚的怨恨到痛苦的谦卑，在我们完成这一情感转变之前，还需要很长的时间。

在经历了否认、愤怒、讨价还价和抑郁等所有阶段后，我们进入接受阶段，这不是我们自己完成的，这是一种对经验的同化。我们需要经历承认损失的所有阶段，认识到我们的生活因此而发生的变化，重新找到平衡等。如果没有这种经历，我们可能需要很长时间的心理建设，我们往往不允许自己进入充满新希望和新关系的世界。我们不给自己权利去追求那个理想的世界，因为通向那里的路还未开放。

我们必须经历一段艰难的旅程来恢复正常，需要哀悼一段破碎的婚姻，面对一幅我们无法想象的画面，在这一切中原谅自己。慢慢地，我们不再将失败的原因归咎于自己，拒绝饮下那份懊恼的毒酒。我们一步一步地认同这样的想法：我们只是普通女性，已经有了离婚的经历，我们只是众多女性中有了这种经验并继续前进的人之一……

练习

为什么我把离婚当作一个女人生命中最有力的觉醒事件？因为它的影响毫不输于与父母分离，我们离开家，经历了从恐慌到内疚的心路历程。最终解除了与他人的联系和结合，成为一个独立自主的个体。我们需要经受各种风暴，环顾四周，我们找到一个新的平衡点，重新站起来，承担起对自己和孩子的生活责任。我们再次经历了一场发现自由和责任的危机，这可能是一场可怕的诅咒。我们必须重新对我们的关系充满信心，并愿意与我们的伙伴建立新的关系。我知道这有多困难，需要多长时间。因此，重要的是给自己一个缓冲和过渡的时间。

美国心理学家史蒂夫·卡根（Steve Kagen）为经历

离婚的人制定了康复方案。他认为，在第一阶段，我们
不可避免地经历震惊，"这不可能发生在我身上！"第二
阶段是混乱，过去熟悉的生活背景是一个立足点，现在
崩溃了，"我正在失去控制。"

重要的是要了解接下来会发生什么，我们需要经历
什么来恢复平静。

第三阶段是适应新的自我。感谢和鼓励自己，即使
是最小的成就也值得为之喜悦，相信美好的未来取决于
自己的努力。第四阶段是个人成长阶段。"我对我的生活
负责，毕竟，离婚是人生的一堂课，是一个人人格发展
的经历，这需要时间和毅力。"第五阶段是宽恕的阶段。
宽恕是不再责备那个不得不分开的人，这意味着希望不
重蹈过去的覆辙，寻找幸福，在生活中做出新的选择，
并对所做出的选择和行为负责。

这是一个真正的觉醒计划，不是吗？

你经历过上述阶段吗？如果你也离婚了，你正处于
什么阶段？你现在的主要需求是什么？你会放开自己寻
求帮助吗？

相信我，下列行为真的很重要。

• 给自己一些时间；

• 寻求支持；

• 为失去而悲伤；

• 期待新生活。

第六十四步　通过拒绝不适合的婚姻进行自我选择

开始说服自己，假装一切都很好？别傻了！

许多女性来访者告诉我："在这段关系中，我在情感上已经死亡。我不是在生活，我很痛苦。如果我的丈夫很坏，我就不会受苦，我早就离婚了，但他是个好人，是个出色的父亲，我下不了决心，不忍心拆散我们的家庭。"

对女性来说，离婚是一种解放，而且在某些方面是令人向往的幸福，这就是女性面临的主要问题。她们不忍心"杀死"自己已经投入大量心血的婚姻，婚姻和关系被她们上升到了病态的高度。她们强迫自己忍受并置身于这种关系中。她们更加努力地去尝试，更加努力地爱，但结果让她们陷入无力。她们哭泣，因为她们无法忍耐了。

女人们面临着一个艰难的选择：她想象着孩子们没有父亲的画面，还有那些排队谴责她的亲戚们。毕竟，"他不喝酒也不打人，把钱都带回家，他爱所有人"，而其他想要分开的理由也都成了借口。

一个女人有时会痛苦数年，然后才有足够的理由重新选择自己。在此之前，她默默忍受，而家庭环境越来越令她难以忍受。还记得《大师与玛格丽特》中的那句话吗？"她先是哭了很久，然后她变得毒辣。"是的，这是不可避免的。一个女人的不快乐会毒害她周围的一切，而任何人都无能为力。无论她自己如何试图通过表现得像一个体面的妻子和母亲来掩盖这一点，她也会向牵绊她、不给她自由的人进行报复。当然，在现实中，她并没有在这种分离的冲动中放任自己，她以灵魂所希望的方式对待生活。一个好丈夫是好父母的化身，他们太好了，让女人得到呵护和关心，这样女人是不会选择离婚的。

如果把离婚的伤害当成狼的话，那么它将是最可怕的狼。它不只咬人，还把带有强烈内疚感的毒液注入被咬的部位，让一个女人迷失在家庭的灰烬中。而她把家庭伪装成花园，用泪水浇灌它，并在这里荒废余生。

若我们经受住离婚的痛苦，我们便获得了无价自由，我们可以选择更优秀的自己，我们还可以拥有一种即使遍体鳞伤也要大胆追逐幸福的态度。

每个女人都应该学习如何放弃过去，为生命的新芽腾出空间。愿我们不要如此无情和坚决，愿我们在经历痛苦、内疚、恐惧、怜悯之后把重心放在使我们更快乐的事情上……

第六十五步　以疼痛为起点，迎接挑战

我们无须盲目地体验苦难，毕竟经历很多苦难也不一定能改变生活。但在有些情况下，一些过程可以让我们重新思考一切，在康复后成为一个不同的人。

我和许多女性一起工作，她们告诉我她们的病痛是复杂的，我将她们的故事和自我意识分为"之前"和"之后"。当然，通常情况下，这是对健康的严重威胁，有时是对生命的威胁。在经历

了命运对她们的种种考验后，她们已经不再是以前的那个人了。

女人就像生活在一片迷雾中，把自己与她的生活和其中发生的事情隔绝开来。她以某种方式存在，似乎在随波逐流。父母、伙伴、孩子、老板对于她来说可能是外在的东西，不是她生活的中心。这个女人可能处于一种看似相当幸福的关系中，她可能只参与家务劳动，也可能是工作狂，从不离开办公室。她可能把自己的全部交给孩子、丈夫、爱人，或者独自生活，认为自己不需要任何人，并处于低迷的抑郁状态，或在狂躁的活动中匆匆度过，试图填补空虚感。但有一点是不变的，女人身上没有流淌着的不是她生命的血液，她自己也不存在于她的生命中。

然后这只狼突然闯入你的生活，深深地咬住你，刺穿你生命的动脉，你所有的神经沸腾起来。如果伤口不深，那么你就不会将其放在心上，并继续沉沦地生活，或者你不愿余生这样坐以待毙，你开始通过苦难向灵魂呐喊。

我们必须对自己的身体、感觉、感官和经历敏感起来，看到那些从前没有注意到的东西。在身体里面，我们正被巨大的恐惧威胁，病痛提醒我们摆脱"不注意自己"的状态。对生命终结的恐惧将所有曾经埋葬的梦想带到了表面，我们不知何故放弃了这些梦想。

没有勇气，没有能力，所有没有"权利"实现的愿望和需求都被封存了。我们在没有为自己做出选择的情况下同意了所有虚假的妥协，所有的话语都被深埋，用水泥黏合起来。所有值得活着的意义，取代了那些已经过时的意义。有时，直到做了所有的精神建设，我们才有力量奋斗。

意识觉醒伴随着敏感。自我毁灭和自我破坏的程序必须被有意识的决定改写，这些决定似乎缺乏力量，但这是成为一个成年人所要付出的代价。父母不会为你治病，向你保证一切都会好起来，你必须自己忍受所有恐慌。你不得不自己承担一切，因为这一切都那么直截了当。如果你不想过自己的生活，那敏感就会被夺走，而这有时也只是我们的选择。

当我们决定不需要敏感，或者我们不值得拥有它时，我们便必须回顾自己的生活，找到和它"消失"相关的所有点。我们不得不寻找那些内疚或羞耻的情况，以及我们无意识地关心或者惩罚自己的情况。我们将不得不审视所有的案例，在这些案例中，自恋对我们价值的损害是如此严重，以至于我们的内心出现了洞，性欲和生命力从这些洞中涌出，碎成渣，而不是化作滋养我们生命的营养，所以我们需要将自己从有毒的环境中拯救出来。总而言之，我知道在许多情况下，及时的反思和专业的支持加上真正的行动，可以为生命带来能量。

"疾病之狼"教会了我们什么？不要再做毫无用处的牺牲，把自己看成一种价值，你可以用以后的生活表达一些美好的东西。

当然，在生病期间，如果没有人关心和支持，我们几乎无法恢复正常。我们渴望从隐形、孤独、不被需要和被遗弃的感觉中解脱，进入一个有许多人关心和想要帮助我们的世界。在与人交往的过程中，我们不仅发现了自己的独特，而且观念有了改变。一个由痛苦引发的认知出现了："我真的需要生病才能和人在一起吗？我真的需要把一切清零才能珍惜自己的生活吗？"

练习

我无法在此主题中为你布置任何任务。我将向你介绍一位了不起的女性，向你分享她是如何与疾病作斗争并最终战胜它的。在采访中她为我讲述了发生在自己身上的故事，我认为这可以激励并启发那些处于类似情况的人。"我现在已经和生病前的自己截然不同。我一直在接受心理治疗。我为自己找到了一份激动人心的工作。我写了一本书。我变得更强壮、更聪明，并且明白了要珍惜生命。我意识到，我其实拥有健康之外的一切能满足幸福的其他要素。而我为了想通这一切所付出的代价十分大。也正有赖于此，我才蜕变成了全新的自己。我意识到我有什么样的朋友，我能做什么，我会做什么，我有权利做什么。我和我的心理学家一起'挖掘着'一些自我惩罚的事情，对我来说这就像是一场马拉松，直到现在我仍然继续跑着。我从我所爱的人还有自己的身上不断汲取力量，奋勇前行。我学会了如何寻找内在动力……"

"也就是说，你在与病魔抗争的过程中因祸得福，发现了你以前未曾拥有过的力量和坚定？"

"你在这个过程中学到了这些本领，并且可以将其运用到日后的生活中？"

"是的。我把我的病藏在内心的角落。如果你把这种情况想象成一个房间，那么现在疾病只占据了这个房间的一个角落，比如它只占据了一把椅子。而其余的空间则充满了其他东西。也就是说，治疗不是我生命的全部，而只是我生命的组成部分之一。"

"那么，对于那些和你情况类似的人，你有什么想说的吗？"

"我待过很多医院，见过许多为生命而战的人。也许你的病情的确很严重，你可能真的已经病入膏肓，康复希望渺茫，但是如果你能找到一个肯和你谈论此事的人……如果你找到一个愿意承受你的恐惧、愿意倾听你的人，那么一切都有可能开始好转。可能这个过程不会那么快，毕竟常人对于病人都有一种恐惧心理，见了他们都绕着走，这是人之常情，我们不能苛责。你要允许别人待在你身旁，请你大胆地靠着他们哭泣，之后就是行动阶段。你的恐惧会剥夺力量与时间，我认为那些可以独自忍受的人，都是不可思议的巨人。"

途中的第五个休息站

这是我们途中最后一次停下来休息。小红帽疲倦地坐在最后一个树桩上，心中默默回忆着自己一路以来的旅程。就在不久前离开家时，她还只是一个戴帽子的小女孩。在经历了这么多事以后，现在的她再看自己，俨然已经是一个内心强大的女性。她感到自己在这一路上耗费了很多精力和资源，但是每往前走一步，她都变得更加坚定。前行的路途有时很顺利，有时荆棘遍地。她想："看啊，我已经走了这么远！"

> "我自己，
>
> 我可以，
>
> 我长大了，
>
> 我和其他女性一样。
>
> 我眼里有自己，也有别人，
>
> 我知道我需要什么，
>
> 我是众多平等的女性中的一员。
>
> 我看到了自己，也看到了周围的人，
>
> 我知道到我有多大的力量来实现这一切。
>
> 我的生命只属于我。"

她知道，在自己未来的生活中还会有许多这样的停顿和休息，她需要不时地停下来喘口气，恢复力量；她需要总结经验教训，牢记失败原因，努力在下一次遇到类似的困难时又有能力应对。她会心怀感激地接受命运的馈赠，同时也真心实意地为失去而伤心。

但是你知道什么会令人遗憾吗？ 如果她没有吸取教训，没有认真审视自己的生活，她的生活会变成令人不寒而栗的恐怖故事：

"小红帽去森林真的是白费工夫。"

她戴上祖母送给她的小红帽，心中祈祷在穿过森林的冒险中不要出差错。母亲也没有让人失望，她为她的女儿送去了祝福，并在篮子里放了馅饼和黄油，于是小红帽出门了。

小红帽遇到了一只大灰狼，大灰狼轻轻地把她往自己的腹部拉去。小红帽甚至问了他正确的问题，以恢复与现实的联系，结果一切都是徒劳的！

猎人救了她，她假装什么也没发生。

小红帽告诉大家，大灰狼根本不是狼。他只是在童年时精神上受过的创伤，是一个不幸的、被误解的动物。而她理解大灰狼，知道它别无选择，只能吃掉祖母和小红帽。

我们无法逃避生活中的困难与挑战，这就是生活，对于每个人皆是如此。无论我们如何小心翼翼地把自己隐藏在幻想的水晶城堡中，事实都无法改变。有时候，重要的不是我们能在多大程度上逃避这些负面的东西，而是我们是否知道在这些糟糕的事情发生后该如何做出改变。这很难，不是每个人都能做到这一点，但我们必须为此努力。重要的是，我们要明白，在让我们成长的人生舞台上，无论我们玩得多么尽兴，我们都是脆弱的、易受伤害的女性。

- 首先我们相信每个人，然后我们不相信任何人。
- 起初我们完全没有选择，然后我们不选择任何人，将自己与各种关系隔离开来。
- 起初我们依赖男人，然后我们开始变得独立，我们明白自己的幸福不必依赖他们。

• 我们先一见钟情，然后将心中的想法坚定地具体化。我们一路走来所获得的女性气质，是找到平衡的能力，是一种灵活变通的能力，是对自己内心与当下行为的充分了解以及热爱生活的态度。

最后，我想引用威廉·马斯顿（William Marston）①的话："在你的生活中，总有些情况似乎是你无法应对的，但是你最终做到了。

"在你的生活中，有些问题似乎是你无法解决的，然而你已经解决了它们。

"你的生活中曾经有一些失去，这些失去看似令人难以承受，但你顽强地走了下来。

"今天的你更强大、更聪明，拥有更多的经验和知识，这就是一路走来的结果。虽然这条路走过来并不容易，但你已经成功地完成了。

"当然，前方还有许多困难在等着你，而现在的你也许正在经历一个艰难的人生阶段。因此你需要不时地回头看看，并且牢记：过去的你在面对一些困难时也曾认为自己无法应对，但最终你还是做到了。

"也许只要记住这一点，你就会明白：你没有理由怀疑自己。

"毕竟无论生活中有什么挑战，你都有能力战胜它们。

"而现在最重要的是，你将会战胜它们。"

---

① 美国心理学家、测谎仪发明家、漫画家，代表作品有《神奇女侠》等。

小结

　　童话故事中总是会有人对主人公施以援手，教她如何开始自己的旅程，教她如何一直走到故事的最后。无论是巫师、仙女，还是其他各种帮手皆是如此。哪怕一开始主人公的运气不好，比如亲生母亲去世，被父亲逐出家门，被女巫蒙蔽双眼，不幸误入歧途……但总会有人在最危险的时候帮她，让境况转危为安。在童话故事中，女主人公也可能轻轻松松就得到一切，得到一个好结局。但她必须历经各种考验，磨砺自己，获得蜕变。总而言之，要想达成美好的结局，她必须付出相应的代价。心仪的王子越是高贵，这个世界为她安排的考验就越严峻，以让她配得上这美好的一切……

　　我们成年以后仍然有一种错觉，总是认为我们应该立刻拥有一个王子，而这一切仅仅是因为我们觉得自己很好，我们恨不得让半个王国的人都为我们献上最美好的祝福。我们祈祷自己不会遇到愤怒、不公正和背叛，我们希望这些负面的东西能绕着自己走。我们非常努力地希望自己成为独一无二、不可复制的人，并用自己的一生证明这是可能的。

　　转眼间十年过去了，尽管我们内心仍热切地坚信这个梦想，但已经开始不断祈祷上苍，祈祷自己的未来可以少一点阴霾。

二十年过去了，我们艰难地在难以理解的、不可预测的成年人生活的黑暗丛林中前行。

我们已经变得和其他普通人一样，逐渐放弃了对自己理想命运的自恋想法，脱掉了闪闪发光而不切实际的梦幻礼服，还有那副我们曾经无比钟爱的粉色墨镜。这副墨镜在经年累月的长途跋涉中被横生的枝蔓碰碎了镜片，变得不再华丽。三十年过去。我们已经变得不再那么傲慢，却能依靠自己的双足稳稳地立在地上，脚踏实地地前行，关上了不断呼喊的内心世界的大门。

我们了解游戏规则，我们同意探索、我们承担风险和代价。在旅途中，我们不再感到孤单。是的，也许在第一次寻求帮助时没有人向我们伸出援手，也没有人向我们提供必要的帮助。但是在远方，在森林中郁郁葱葱的树影之后，那里灯笼闪烁的亮光与我们手中的灯笼相映。我们知道，那里有我们的同类，我们的姐妹，女人啊！我们沿着自己的道路跌跌撞撞地前行，我们不断犯错，前行之路一片迷茫，我们在路上跌的跟头好像越来越多……无论如何，我们始终没有背叛自己。我们继续前行，心中坚信一切都是有意义的。我们可能有以下成就。

- 和自己的命运玩一个有趣的游戏；
- 坚持做完整个任务；
- 沿途收集所有蕴藏力量、智慧和成熟的宝物；
- 抵达终点，保持对自己、父母、狼群和生活的感激与尊敬。

感谢所有帮助我们在这个世界上展现自己独特内心的人，他们的功绩无人可比……

　　　我们不再和自己的命运玩捉迷藏，

　　　不再假装某些事情并未发生，

　　　认为自己可以做得更好。

　　　不再掩饰自己的错误，

　　　不再假装身上没有出现过某种错误，

　　　可以清楚地看到，我们做得很好，

　　　甚至有时，我们做到了别人做不到的事情。

　　　我们不玩与他人比较命运的游戏，

　　　饶有兴趣地专注于自己的生活。

　　　专注于那些令我们感到难过的事情，自怜地哭泣，

　　　专注于值得称赞和自豪的事情。

　　　彻底地放弃某些东西，再也不对其报以希望，

　　　期待其他可以挽回的东西……

　　当我们把生活看成一连串实际发生在自己身上的事件和行为时，当我们承认自己的能力有限时，当我们苦涩地承认自己所做的所有选择都带有很大局限性时，当我们承认自己只是一个女人，而不是"女神"时……

　　我们可以和命运和平共处了。

　　那些咒骂过、贬低过、隐藏过的部分，回归了原位。

　　那些让我们引以为豪和尊重的人，成为我们的支柱。

　　我是我们经历的集合，我们用行动定义自己……